风景园林理论与实践系列丛书
北京林业大学园林学院 主编

Inheritance and Evolution of Urban Landscape Organization in Ancient Towns

城镇风景组织的传承与嬗变

达婷 著

中国建筑工业出版社

图书在版编目（CIP）数据

城镇风景组织的传承与嬗变/达婷著. —北京：中国建筑工业出版社，2017.4
（风景园林理论与实践系列丛书）
ISBN 978-7-112-20404-5

Ⅰ.①城… Ⅱ.①达… Ⅲ.①城市空间—建筑设计—研究 Ⅳ.①TU984.11

中国版本图书馆CIP数据核字（2017）第027480号

责任编辑：杜　洁　兰丽婷
书籍设计：张悟静
责任校对：李美娜　李欣慰

风景园林理论与实践系列丛书
北京林业大学园林学院　主编

城镇风景组织的传承与嬗变

达婷　著

*

中国建筑工业出版社出版、发行（北京海淀三里河路9号）
各地新华书店、建筑书店经销
北京锋尚制版有限公司制版
北京云浩印刷有限责任公司印刷

*

开本：880×1230毫米　1/32　印张：6　字数：196千字
2017年5月第一版　2017年5月第一次印刷
定价：35.00元
ISBN 978－7－112－20404－5
（29961）

序一

学到广深时，天必奖辛勤

——挚贺风景园林学科博士论文选集出版

人生学无止境，却有成长过程的节点。博士生毕业论文是一个阶段性的重要节点。不仅是毕业与否的问题，而且通过毕业答辩决定是否授予博士学位。而今出版的论文集是博士答辩后的成果，都是专利性的学术成果，实在宝贵，所以首先要对论文作者们和指导博士毕业论文的导师们，以及完成此书的全体工作人员表示诚挚的祝贺和衷心的感谢。前几年我门下的博士毕业生就建议将他们的论文出专集，由于知行合一之难点未突破而只停留在理想阶段。此书则知行合一地付梓出版，值得庆贺。

以往都用“十年寒窗”比喻学生学习艰苦。可是作为博士生，学习时间接近二十年了。小学全面启蒙，中学打下综合的科学基础，大学本科打下专业全面、系统、扎实的基础，攻读硕士学位培养了学科专题科学研究的基础，而博士学位学习是在博大的科学基础上寻求专题精深。我唯恐“博大精深”评价太高，因为尚处于学习的最后阶段，博士后属于工作站的性质。所以我作序的题目是有所抑制的“学到广深时，天必奖辛勤”，就是他们的辛勤自然要受到人们的褒奖和深谢。

“广”是学习的境界，而不仅是数量的统计。1951 年汪菊渊、吴良镛两位前辈创立学科时汇集了生物学、观赏园艺学、建筑学和美学多学科的优秀师资对学生进行了综合、全面系统的本科教育。这是可持续的、根本性的“广”，是由风景园林学科特色与生俱来的。就东西方的文化分野和古今的时域而言，基本是东方的、中国的、古代传统的。汪菊渊先生和周维权先生奠定了中国园林史的全面基石。虽也有西方园林史的内容，但缺少亲身体验的机会，因而对西方园林传授相对要弱些。伴随改革开放，我们公派了骨干师资到欧洲攻读博士学位。王向荣教授在德国荣获博士学位，回国工作后带动更多的青年教师留学、进修和考察，这样学科的广度在中西的经纬方面有了很大发展。硕士生增加了欧洲园林的教学实习。西方哲学、建筑学、观赏园艺学、美学和管理学都不同程度地纳入博士毕业论文中。水源的源头多了，水流自然就宽广绵长了。充分发挥中国传统文化包容的特色，化西为中，以中为体，以外为用。中西园林各有千秋。对于学科的认识西比中更广一些，西方园林除一方风水的自然因素外，是由城市规划学发展而来的风景园林学。中国则相对有独立发展的体系，基于导师引进西方园林的推动和影响，博士论文的内容从研究传统名园名景扩展到城规所属城市基础设施的内容，拉近了学科与现代社会生活的距离。诸如《城市规划区绿地系统规划》、《基于绿色基础理论的村镇绿地系统规划研究》、《盐水湿地“生物—生态”景观修复设计》、《基于自然进程的城市水空间整治研究》、《留存乡愁——风景园林的场所策略》、《建筑遗产的环境设计研究》、《现代城市景观基础建设理论与实践》、《从风景园到园林城市》、《乡村景观在风景园林规划与设计中的意义》、《城市公园绿地用水的可持续发展设计理论与方法》、《城市边缘区绿地空间的景观生态规划设计》、《森林资源评估在中国传统木结构建筑修复中的应用》等。从广度言，显然从园林扩展到园林城市乃至大地景物。唯一不足是论题文字烦琐，没有言简意赅地表达。

学问广是深的基础，但广不直接等于深。以上论文的深度表现在历史文献的收集和研究、理出研究内容和方法的逻辑性框架、论述中西历史经验、归纳现时我国的现状成就与不足、提出解决实际问题的策略和途径。鉴于学科是研究空间环境形象的，所以都以图纸和照片印证观点，使人得到从立意构思到通过意匠创造出生动的形象。这是有所创造的，应充分肯定。城市绿地系统规划深入到城市间空白中间层次规划，即从城市发展到城市群去策划绿地。而且从城市扩展到村镇绿地系统规划。进一步而言，研究城乡各类型土地资源的利用和改造。含城市水空间、盐水湿地、建筑遗产的环境、城市基础设施用地、乡村景观等。广中有深，深中有广。学到广深时是数十年学科教育的积淀，是几代师生员工共铸的成果。

反映传承和创新中国风景园林传统文化艺术内容的博士论文诸如《景以境出，因借体宜——风景园林规划设计精髓》是吸收、消化后用学生自己的语言总结的传统理论。通过说文解字深探词义、归纳手法、调查研究和投入社会设计实践来探讨这一精髓。《乡村景观在风景园林规划与设计中的意义》从山水画、古园中的乡村景观并结合绍兴水渠滨水绿地等作了中西合璧的研究。《基于自然进程的城市水空间研究》把道法自然落实到自然适应论、自然生态与城市建设、水域自然化，从而得出流域与城市水系结构、水的自然循环和湖泊自然演化诸多的、有所创新的论证。《江南古典园林植物景观地域性特色研究》发挥了从观赏园艺学研究园林设计学的优势。从史出论，别开蹊径，挖掘魏晋建康植物景观格局图、南宋临安皇家园林中之梅堂、元代南村别墅、明清八景文化中与论题相符的内容和“松下焚香、竹间拨阮”、“春涨流江”等文化内容。一些似曾相见又不曾相见的史实。

为本书写序对我是很好的学习。以往我都局限于指导自己的博士生，而这套书现收集的文章是其他导师指导的论文。不了解就没有发言权，评价文章难在掌握分寸，也就是“度”、火候。艺术最难是火候，希望在这方面得到大家的帮助。致力于本书的人已圆满地完成了任务，希望得到广大读者的支持。广无边、深无崖，敬希不吝批评指正，是所至盼。

孟兆祯
2015 年 1 月

序二
以古为鉴　传承发展

达婷君以铁杵磨成针的学习精神把她的学术论文做了更深一层的研究和探讨，讲的是“传承与嬗变”，反映了“不忘初心，方得始终”，尽善尽美的一种追求，这种学习精神是值得提倡和学习的。

中国城市规划和城市设计古来有之，具有优秀的民族传统和特色，为后人学习研究积淀了丰富的实践和理论的宝库。除了专门的典籍外，尚有大量有关知识藏于各类书籍之中，须作者立远大志向而又善于下“汇滴水为川”的实在功夫，哲学概括了自然科学和社会科学。中华民族“天人合一”的宇宙观，既强调了人尊重、顺从自然的主要方面，也反映了“景物因人成胜概”的主观能动性。达婷君经过再学习对这项真理做了实事求是的挖掘和探索，使好多抽象的概念化为易于认识的形象，而使人们有进一步理解和更深入研究的可能。

“时宜得致，古式何裁”是明代园林哲匠在《园冶》中的名句，阐明学科必须在历史传统的基础上“与时俱进”，追求中国特色的社会主义建设开拓了广阔的市场和学术平台。作者亦将她投身中国城市规划和设计实践的心得体会以及国内外其他专家实践正反面的经验融入论证的理论，既显示了中国城市规划中风景园林的历史骨架，也还流动着时代之声的血液，所以我认为这是一本好书，值得我们学习参考。我也由衷地感谢作者和致力于本书的同仁，感谢他们的辛勤劳动和为丰富园林文库做出的非凡贡献。

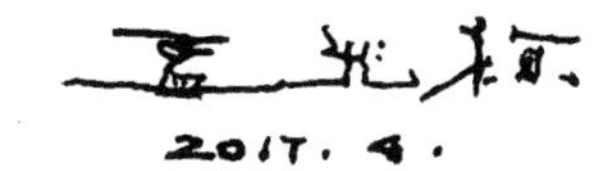

前　言

本书的选题源于导师孟兆祯院士提出的“山水城市”研究命题。对城镇风景的研究始于对我国城市规划建设中因环境价值扭曲、文化缺失而带来的城镇空间与风景环境不能协调发展现象的反思。伴随中国城市发展进入新的阶段，我们不断努力改善城镇人居环境质量，通过保护自然山水环境、传承城市历史文化、创造宜人的公共空间来体现城市地域文化和时代特征。中国的传统城镇是传统文化浸润下的产物，“景与城融”的风景格局具有独特的魅力和自成体系的总体特征。本书从湖广地区传统城镇风景历史景象的成因入手，从城市设计视角分析城镇风景组织方式的传承与嬗变，为当代中国城镇的风景环境组织提供合理思路，具有重要的现实指导意义。

本书在内容上主要包括传统城镇风景组织、传统城镇风景组织的现代转型和城镇风景空间意义的重塑。传统城镇风景组织是一个历时性问题，通过城市形态学方法研究城镇风景组织，将研究视角锁定在城镇自然山水在社会发展和空间组织中的促进作用，从城镇风景系统要素的广泛关联入手，研究城镇风景空间的生成和演化，提炼传统城镇风景组织的合理内核。城镇风景组织在传统社会和现代社会存在本质区别。本书通过研究西方著名“花园城市”和“宜居城市”的城市风景规划和用地组织策略，归纳城镇风景在不同发展阶段所体现的阶段性特征与组织策略，分析城镇风景空间转型的途径，认为在传统城镇的现代发展中，不仅要强调风景系统与非风景系统在物质和社会形态上的协同发展，还要增强其与传统文脉的关联实现风景环境意义的重塑。本书提出建立城镇风景空间单元的理论设想，以适应传统城镇风景空间现代转型的需要，重新建构起城镇风景空间的单元式组织结构。

目　录

第1章

绪论

日本社会学家内田芳明曾指出："如果可能的话，人们希望在建造'城市'这一冰冷之物时，风景能作为一种旋律成为城市的景致，营造出与风景共存的城市"[1]。

1.1 研究的缘起

1.1.1 城市建设误区的反思

城市是满足人类在自然环境中大规模生存发展的一种人工环境，是人类搭建起的沟通人与自然的一种环境平台。纵观人类社会的发展史，人们始终重视城市自然环境与人工环境的和谐发展。伴随人口规模的扩张以及城市建设技术的日臻成熟，人与环境的关系始终处于变化之中。然而，随着人类建造和改造自己聚居地环境的能力不断加强，向自然环境索取生产、生活资料以及改造自然环境的能力也在不断加强。据史料记载，由于明末清初我国长江流域人口规模激增，洞庭湖平原曾大量围湖造田，洞庭湖区共有湖田122万余亩，每年平均出大米600万石以上。但后果是江汉水道堵塞，河汉消失，湖泊面积和数量缩小，水灾频发。乾隆年间湖北巡抚就曾指出："人与水争地为利，水必与人争地为殃"[2]。

20世纪是城市化的世纪，城市人口规模以空前的速度增长。根据世界银行的统计，世界的城市化水平从1900年的13%发展为2000年的50%，城市人口数量也由1900年的2亿人左右发展为2000年的30亿人[3]。中国的城市也在20世纪80年代之后，进入令人瞩目的高速发展阶段。据统计截至2010年中国城市化水平达到49.68%，人口数量也增至13.39亿，进入所谓城市化高速发展时期[4]。人口规模的扩大促使城市规模不断扩张，一方面大量农村人口进城，需要扩张城市建设用地；另一方面由于我国户籍制度的缺陷，进城的农村人口又不退出其在农村占用的土地，客观上造成了我国土地资源的减少。根据国家统计局2012年发布的统计数据，截至2011年全国城市建成区面积已由1990年的12856km^{2}增加至2011年的43603km^2[5]。虽然城市建成区面积扩大了3倍多，但是城市人口密度也相应地由1990年的297人/km^{2}增加至2011年的2228人/km^2，城市人口密度扩大了7.5倍。城市的建成环境变得拥挤，环境质量下降。遗憾的是，在主观上我们不从根本上反思土地问题的根源，而是盲目地压缩城市建设用地指标，尤其是压缩绿地和道路面积，造成城市环境恶化。更严重的是把目光投向不宜建设的用地，如河道、山崖、滩涂、湿地等，建成环境的无序蔓延

[1] 西村幸夫，历史街区研究会. 张松，蔡敦达译. 城市风景规划：欧美景观控制方法与实务[M]. 上海：上海科学技术出版社，2005：8.

[2] 吴庆洲. 中国古城防洪研究[M]. 北京：中国建筑工业出版社，2009.

[3] 联合国发展中心. 沈建国译. 城市化的世界[M]. 北京：中国建筑工业出版社，1999：12.

[4] 中华人民共和国国家统计局. 中国统计年鉴2011[M]. 北京：中国统计出版社，2011：96.

[5] 中华人民共和国国家统计局. 中国统计年鉴2012[M]. 北京：中国统计出版社，2012：393.

不仅使城市自然山水地貌在现代建设中被逐渐蚕食，导致城市环境恶化、城市病显现，中国传统城市建设中所追求的城市与自然环境“山水相依”的城市风景面貌也在现代城市建设浪潮中逐渐消失（图1-1）。

图1-1 十堰市城市建设现状
（资料来源：夏宇 摄）

法国地理学家夏保曾说过：“城市是一个自我形成的整体，其中的所有元素都参与城市精神的塑造”[1]。受中国传统“天人合一”宇宙观的指导，在传统城镇建设中追求人与环境和谐，强调人工环境与自然环境协调，立足于在人工建成环境与自然山水环境间建立起微妙的制衡关系，形成了拥有独特的环境整体性特质的城镇风景面貌。与传统城镇建设方式相比，现代城市建设重理性、讲技术，通过提高建成环境质量来实现对城市生活环境的改善。这虽然能应对城市快速发展和城市建成环境快速扩张的问题，但由于指导城市建设的环境观念中轻视自然山水环境对城镇整体环境特征形成所起到的重要作用，使现代城镇风景面貌在城市化进程中不可避免地陷入维持风景特色艰难的状态。昔日中国传统城镇“山环水抱”、城市与自然山水融为一体的良好景象和传统风貌正在逐渐丧失。

[1] 冯维波. 城市游憩空间分析与整合研究[D]. 重庆大学，2007：1-2.

2013年12月中央城镇化工作会议在北京举行，会议提出了推进城镇化的六项重要任务，并将“要尽可能减少对自然的干扰和损害，传承文化，发展有历史记忆、地域特色、民族特点的美丽城镇”作为城镇化发展的目标，标志着中国的城镇化道路在经历了近30年的高速发展，开始由注重外延式扩张向内涵式发展的方向转变。会议提出城镇化要走中国特色、科学发展的新型城镇化道路，向着有利于促进社会公平、生态环境和经济同步发展的方向推进。所谓有中国特色新型城镇化道路就是要在城镇布局形态上保护自然山水格局，根据自然条件合理划定开发边界，控制建成区范围，让城市置身于自然环境中，把青山绿水留给居民；同时提高城镇建设水平，依托现有山水脉络的独特自然风景，“让居民望得见山、看得见水、记得住乡愁”；提高土地利用效率，按照促进生产空间高效、生活空间宜居、生态空间山清水秀的要求合理布局城市空间结构❶。

❶ 罗丹阳．“两横三纵”战略要一张蓝图干到底[EB/OL]．北京青年报，2013-12-15[2014-2-18]．http：//epaper.ynet.com/html/2013-12/15/node_1333.htm.

因此，为了纠正上一阶段城市建设中出现的误区，在城市规划工作中以何种方式促使城市建成环境与自然山水环境和谐统一、提高城镇风景环境的品质、适应城市发展需要、延续自然山水作为重要环境文脉在城市风景特色中的作用，将是下一阶段城市规划工作需要解决的主要问题。

1.1.2 传统文化复兴的需求

根据文化哲学家的观点，推动人类社会发展的因素是政治、经济和文化❷。18世纪以前的城市是以政治为中心，18世纪转变为以经济为中心，20世纪下半叶进入文化中心时代。吴良镛先生曾经指出，在全球文化趋同的浪潮席卷下，要批判地发扬优秀区域文化，研究城市建设的普遍性与特殊性，将地域性特点和普遍性规律结合起来，不仅有助于对各自特点的认识，更有助于更全面地把握技术的合理内涵与艺术的特殊规律，进行再创造❸。在实现旧城改建和新城扩张的过程中，许多城市在经历了沉醉于拥有现代城市建成环境而沾沾自喜时，开始反思自己城市文化特色在城市“现代化”进程中的消逝。今天如何在城市现代化进程中保护城市文化特色，弘扬优秀的传统文化，延续城市历史文脉是现代城市规划迫切需要解决的问题。因此，中国城市在以经济为中心实现快速城市化的今天，必须意识到城市传统文化特色的丧失对城市未来的发展将会产生深远的影响。

❷ 中华人民共和国国家统计局．中国统计年鉴2012[M]．北京：中国统计出版社，2012：2.

❸ 吴良镛．基本理念·地域文化·时代模式：对中国建筑发展道路的探索[J]．建筑学报，2002，(2)：6-8.

中国传统城市蕴含了丰富的艺术审美思想和博大的环境生态理念。在19世纪末西方文化大量输入中国之前，中国传统城镇依据中国古代传统思想、文化和技术的指导，形成了一套自成体系的城市风景兴造模式。中国的传统文化对自然山水有独特的见解和认识，山、水不仅是地球表面的一种地貌，是一种承托古代城镇兴建的物质载体，一种承托了古人对生活境界追求的精神载体，也是与自然环境保持微妙制衡的载体。因此，在中国传统城镇的风景组织中十分重视建成环境对城市山水环境的因借与选择，形成了独特的风景环境组织方法。钱学森先生曾经说过“我们人类精神财富的量是极大的，但我们的困难是不能很好地利用它”[1]。中国传统城镇风景环境组织方法是我们现代城市规划中创造城市风景特色的智慧宝库。对传统城镇风景环境形成原因及组织方法深层次的探讨，将有助于在现代城镇西学东鉴之风日盛的同时“挖掘、寻找失去的东方城市美学，发扬东方城市的蕴藏”[2]。因此，挖掘传统城镇风景面貌形成的缘由和归纳传统城镇风景组织的方法，为我们探讨现代城市空间延续传统文化脉络的合理途径，丰富现代城镇的风景内涵，创造具有中国特色的宜居城市提供有益的思路。

1.1.3 学科发展的推动

风景园林学是专门研究如何运用自然和社会因素来创造环境优美、生态平衡的人类生活环境的一门学科[3]。风景园林学的研究方向强调艺术、文化和地域特征，主要包括传统的园林绿化、绿地系统规划和大尺度的地景规划三个层次，并随着科学技术和社会发展而不断发展[4]。现代的风景园林学科虽然与城市规划、建筑学相分离，成为拥有独立研究领域的专业学科，但是这三个学科要解决的核心问题仍然只有一个，即关注城市、环境与人的和谐发展。因此，风景园林学与其他相关学科在建设城市宜居环境方面共同努力、融合发展是现代城市建设实践的趋势。

在风景园林学的研究领域中，中国传统园林研究一直占有重要的一席之地。中国风景园林学的先辈们在传统园林的研究领域中取得了丰富的研究成果，为现代的风景园林专业发展积累了大量的、宝贵的学术财富。中国的传统园林博大精深，深入、系统地研究传统园林为现代城市宜居环境建设提供思想方法和组织借鉴仍然存在可以纵深拓展的余地。传统园林景物组织讲求“虽由人作、宛自天开”，空间布局充满了诗情画意，是现代城市宜居环境建设所向往的一种理想人居环境的原型。但以往对传统园林的研究多局限于传统园林本身，从园林的艺术性、空间性等角度来研究传统园林的组织方法和思想。于是直接从传统园林的组织方法中借鉴经验来指导现代城市建设，具有一定难度，具体表现为研究中间环节的缺失。因此，需要在传统园林与传统城市之间架设研究的纽带。纵观中国传统园林的发展，在不同的历史时期始终与城市建设紧密相连[5]。由于指导思想上的同源性，传统园林与传统城市在对社会文化、自然资源、水系等方面的组织和利用具有一致性。因此，将传统园林的研究范畴相应地扩大至相对包容

[1] 张帆. 整体与协同：探索平衡的风景园林规划[D]. 北京林业大学，2010：3.

[2] 吴良镛. 寻找失去的东方城市设计传统：从一幅古地图所展示的中国城市设计艺术谈起[C]. 建筑史论文集（第12辑）. 北京：清华大学出版社，2000：6.

[3] 李景奇. 走进包容的风景园林：风景园林学科发展应与时俱进[J]. 中国园林，2007，(08)：85-89.

[4] 张启翔. 关于风景园林一级学科建设的思考[J]. 中国园林，2011，(05)：16-17.

[5] 李炜民. 中国风景园林学科发展相关问题的思考[J]. 中国园林，2012，(10)：50-52.

性更强的风景范畴，将传统城镇的整体环境看作为一个大园林，以此来讨论传统园林思想的现代应用是顺应现代多层次、多视角风景园林学科发展的需要。

综上所述，在现代城镇的建设中，发展与自然山水环境协调、延续中国传统文化脉络、丰富城镇风景内涵的城镇风景是顺应了现阶段城市规划工作、传统文化复兴和风景园林学科发展的需要而共同提出的要求。在传统城镇的现代发展中，如何规划建设环境友好型、空间结构合理和空间构成要素间相协调的城镇风景空间是本书探讨的问题。

城镇风景作为伴随城镇发展的客观存在，是人们视觉中、思想中乃至意念中的产物，有着深刻的文化内涵和社会基础。因此，伴随中国城市发展进入新的阶段，城镇空间由粗放型向集约型发展，建成环境由注重“量”的发展进入到关注“质”的提升，将城镇发展的视角放在关注城镇整体环境质量的提高上是十分有必要的。

中国的传统城镇风景是中国传统文化浸润下的产物，有着独特且自成体系的组织格局，城镇建成环境与自然环境和谐的风景面貌受到理论界的高度关注。目前，中国当代城镇正向着规划和建设环境友好型、空间结构合理、城镇构成要素间协调的方向发展，从传统城镇的历史景象分析和解析中提炼出一套系统的风景组织方法用于指导当代中国城镇的风景兴造具有重要的现实指导意义。

本书将对传统城镇风景的研究放在环境协同的视角之下。首先，该视角区别于风景园林研究的传统语境，对城镇风景的研究不仅关注城镇风景发展的内在逻辑性，更关注风景空间与社会空间通过何种原因和方式形成协同发展，以此摆脱对城镇风景整体化、艺术化认识的倾向。其次，对传统城镇风景的研究遵循了当前中国传统城镇风景研究中着重地域性和历时性研究这一重要趋势，将传统城镇风景的发展当作一种适应地域文化发展并不断自我更新完善的开放系统来研究，通过解构和重构城镇风景实现对传统城镇风景空间整体性的深入思考，为解决中国当代城镇风景空间重塑的问题提供合理思路。

1.2 相关概念界定与辨析

1.2.1 风景

（1）景、景致、景物与风景

“不管园林也好，风景名胜区也好，中心内容乃是一个‘景’

字……景是他们的灵魂”[1]。“景”通“影”，本义是指日光，《说文》中解释“景，日光也”。古人最初关注景与日光之间关系是通过立杆测影，选定聚居的适宜地点。《尔雅》中写道“四时和谓之景风”，范仲淹在《岳阳楼记》写道“至若春和景明”，都表达了“景”是在阳光下看到美好景物的意思。《尔雅·釋文》中进一步将“景”引申为是一种日光下的环境，“境也，明所照处有境限也”。“景”在现代汉语中有景致、景象、景物、风景等意思，是对某种事物观赏性的概括。

在中国古代志书中，描述“景”的词汇是“景致”，如白居易在《题周皓大夫新亭子二十二韵》中写道：“规模何日创？景致一时新”。“致”本义为送达，《说文》中解释为“致，送诣也”，《诗·卫风·竹竿》中曰“远莫致之”。“致”被放在“景”之后形成“景致”一词是为了表达一种对“景”的褒扬和赞颂。

景致事物在古代汉语中多用“景物”一词表示，是指可以观赏的对象，如晋代的陆云在《陆士龙集》中写道“景物台辉，栋隆玉堂”[2]。景物一词与景致相比，除了强调景致事物的观赏性之外，更强调景致事物的人造性。中国古人对“景”观赏性的理解包含了自然和人造两个方面的，强调所观赏的事物不单独是自然的，而是要渗透人文之美，所谓要“有真为假，作假成真”。

在中国传统文化中，“风景”一词最早见于《晋书·王导传》中的“风景不殊，举目有江山之异”，风景有风光、景色的意思。它是人们能感知和欣赏的景象，是与大环境相联系构成具有美感物象的统称[3]。中国传统文化中，风景概念包含了人们对山水、天象、生物、建筑等自然和人工要素的欣赏，也包含了对空间美、时间美、色彩美、形式美等多方位美感的欣赏。而在西方文化中，“风景”一词最初的含义是一块耕作或劳动的领域单元，具有实用性的含义。经过16世纪荷兰和英格兰风景绘画发展的影响，风景才具有美学意义，成为一种艺术类型[4]。可见，相较于西方的风景概念，中国传统文化下的风景更多地包含了古人对风景形象特征的欣赏。在现代园林学、地理学、建筑学、美学等学科发展基础之上，风景作为专业词汇具有更加丰富的内涵，基本可以概括为：风景是一种自然系统，是环境的风光，是地域性的典型特色；它是观察者眼中的景象，是人们头脑中的观念，是通过心灵和感觉构筑而成的意象；它也是文化的产物，是自然和社会双向作用的结果等[5]。总之，风景作为一种与自然系统、社会文化共同作用而产生的概念，是与地理环境、社会意识以及文化背景紧密

[1] 潘谷西. 江南园林理景艺术[M]. 南京：东南大学出版社，2001：1.

[2] 王其亨，吴静子，赵大鹏."景"的释义[J]. 中国园林，2012,（03）：31-33.

[3] 史震宇."风景"浅析[J]. 中国园林，1988,（02）：23-27.

[4] 段义孚. 风景断想[J]. 长江学术，2012,（03）：45-53.

[5] 张述林. 风景地理学原理[M]. 成都：成都科技大学出版社，1992：1.

联系在一起的，包含时间性、空间性和文化解释性。

本书所研究的风景是与城镇生活相关范畴的风景，不是传统研究范畴中存在于园林或风景区中的风景。与传统研究范畴中的风景相比较，城镇风景具有更加突出的城镇特点，具体表现为城镇中山、水、植物等自然风景被压缩，而城镇建筑、城镇生活等人文因素被强化❶。

（2）风景与景观

“景观”一词最初出现在希伯来语的《圣经》中，“Noff”是对圣城耶路撒冷总体美景的描述。景观作为专业术语最初是指“留下人类文明足迹的地区”❷，19世纪被西方学者引入地理学范畴，用以解释“一个地区的总体特征”，后与园艺相联系而成为设计领域中一个专业术语。目前，地理学范畴的景观概念所表达的是一种地表综合景象或一种地域类型单位的统称，具有时间和空间的二重属性。而在生态学领域，广义的景观概念表达了它是一种集气候、地理、社会、文化等综合特征为一体的，一种具有异质性和缀块性的空间复合单元❸。此外，地理学和生态学范畴的景观概念表达某种环境空间特征。与此相比，风景园林规划设计领域中的景观概念更多表达了人们对空间环境从数量到质量提高的一种要求。因此，风景园林领域中的景观包含了环境审美和环境观察两方面意义。

虽然“景观”和“风景”在概念的内涵和外延上有许多叠合和共通之处，但是与起源于西方文化的“景观”概念相比，“风景”一词在中国拥有更多的历史内涵，更能体现中国传统环境观念。因此，本书将采用“风景”一词作为研究的核心术语，以此来对应对中国传统城镇风景构成与组织研究的内涵。

（3）风景与山水

“山水”是一个以偏概全的概念，几乎涵容了以山水为主体的整个自然界。它的原始意义是指与世俗社会相对立的一片广阔的天地❹，是中国古人在长期的农耕实践中逐渐建立起的一种关于审美和情感表达的文化境界。虽然在审美内涵上，“山水”常用来指代“风景”，但山水概念与风景仍有许多不同之处。

首先，山水是风景现象的一种直观表达。《尔雅·释山》中云“山，宣也，宣气散，生万物”❺。《尔雅·释水》云“水，准也。……象众水并流、中有微阳之气也”❻。《水龙经·水法篇》中云“石为山之骨，土为山之肉，水为山之血脉，草木为山之皮毛，皆血脉之贯通也”❼。《论衡·祭意》中云“山出云雨润万物，

❶ 张国强. 城市风景的构成、特征与发展[J]. 中国园林，2008,(01)：73-74.

❷ 金俊. 理想景观：城市景观空间系统建构与整合设计[M]. 南京：东南大学出版社，2002：4.

❸ 邬建国. 景观生态学：格局、过程、尺度与等级[M]. 北京：高等教育出版社，2000：2.

❹ 李文初. 中国的山水文化观[J]. 文学，1995,(2)：99-103.

❺ 李学勤. 十三经注疏·尔雅注疏[M]. 北京：北京大学出版社，1999：208.

❻ 李学勤. 十三经注疏·尔雅注疏[M]. 北京：北京大学出版社，1999：216.

❼ 郑同点校. 堪舆[M]. 北京：华龄出版社，2009：91.

六宗居六合之间，助天地变化，王者尊而祭之”[1]。《水经注·河水》中写道“水有大小，有远近”[2]。

其次，山水在风景中是相互依存的，有山必有水。《水龙经·博山篇》中云“凡看山，到山场，先问水”[3]。《周礼·考工记》中写道：“凡天下之地势，两山之间，必有川焉”[4]。《管子·度地》篇中记载：“故圣人之处国者，必于不倾之地，而择地形之肥饶者，乡山左右，经水若泽。内为落渠之写，因大川而注焉”[5]。

再次，山水指代了风景中的某种环境景物，是古人用来与自然环境保持联系的媒介。与西方以实用和感官愉悦为基础的环境体验方式不同，中国传统山水观念的形成是源自于对自然山水环境之美的赞叹[6]。古人在赞叹“天地有大美而不言”的同时将山水作为环境景物渗透到对其聚居环境的建造中，无论是城镇选址、宫苑、宅园还是建筑内部的山水诗画、缩微盆景都需要有山、有水。

可见，风景与山水概念虽然有许多互通之处，但为了避免在研究中概念引用的混淆，本书中所指的山水是自然状态下作为环境景物的山水，而非中国传统文化视角下抽象的山水观念。

1.2.2 城镇风景

城镇风景是一个没有严格定义的术语，是人们在对城镇建成环境和自然环境的体验和欣赏中逐渐形成的一种与城镇环境景象密切相关的视觉和活动集合的总体。张国强认为城镇风景包括与城市共生共存的自然风景和人文风景，城镇风景的类型可以根据城市空间构成中点、线、面、体和网状的空间结构特性，分为块状风景区、带状风光带和点状或标志性“八景”三种主要类型[7]。城镇风景特色以城市大量集中的绿地为主要依托，融汇骨干水系、交通干线、特色公共建筑和历史文化遗产等要素，共同形成刚柔相济的城市风景。日本的Tiamsoon Sirisrisak提出城市的历史景观要素分为有形和无形两类，有形元素包括建筑、天际线、城市空间、眺望风景、植被和小尺度元素；无形元素包括城市功能、社会传统、生活方式、西方信仰等[8]。日本学者西村幸夫等从风景的文化解释性角度提出城镇风景概念，认为城镇风景不仅包括由建筑和城市设施等构成的城镇地区内景观，还涉及以城市的大地形为风景骨架的眺望风景[9]。上述城镇风景的概念扩大了以往“城市景观”、“城市风貌”等概念的研究范畴，将城镇及其周边的自然景观和文化景观纳入统一的研究范畴中，体现了对城镇风景环境复杂性的认同。

[1] （汉）王充．论衡[M]．长春：时代文艺出版社，2008：388.

[2] （北魏）郦道元，陈桥驿校证．水经注校证[M]．北京：中华书局，2007：2.

[3] 郑同．堪舆[M]．北京：华龄出版社，2009：362.

[4] 闻人军．考工记译注[M]．上海：古籍出版社，2008：120.

[5] （春秋）管仲撰．梁运华校点.管子[M]．沈阳：辽宁教育出版社，1997：157.

[6] 金俊．理想景观：城市景观空间系统建构与整合设计[M]．南京：东南大学出版社，2003：38.

[7] 张国强．城市风景的构成、特征与发展[J]．中国园林，2008,(01)：73-74.

[8] Tiamsoon Sirisrisak. Historic Urban Landscape: Interpretation and Presentation of the Image of the City[C]. ICOMOS Thailand International Symposium 2007: Interpretation: Form Monument to Living Heritage, 1-3 Nov. 2007.

[9] 西村幸夫，张松．何谓风景规划[J]．中国园林，2006,(03)：18-20.

与本书研究的城镇风景概念相似，2011年11月10日，联合国教科文组织（UNESCO）大会采纳了《关于城市历史景观的建议书》，提出了城市历史景观（Historic Urban Landscape，HUL）的概念。城市历史景观是联合国教科文组织提出在城市化背景下识别、保护和管理城市历史区域的一种景观方法和理论框架。城市历史景观作为概念体现了一种思维模式，即从景观的整体性角度分析建成环境与自然环境、历史与当代、感觉与视觉以及城市结构其他要素间的相互作用；它同时可以理解为一种景观方法，作为一种理论桥梁，将城市设计、城市景观和城市规划联系在一起❶。城市历史景观关注城市的建筑和空间，以及城市的礼制和文化价值，认为城市景观是象征性、无形遗产和文化价值的复合体。城市历史景观概念的提出为城市遗产保护打开了思路，也为文化景观研究提供了新的视角❷。

❶ UNESCO. Vienna Memor and um on “World Heritage and Contemporary Architecture - Managing the Historic Urban Landscape” [EB/OL].[2005]. http://whc.unesco.org/en/documents/5965.

❷ 罗·范·奥尔斯，韩锋，王溪. 城市历史景观的概念及其与文化景观的联系[J]. 中国园林，2012（5）：16-18.

本书对城镇风景的研究视角借鉴城市历史景观，认为城镇风景是一种文化景观，并且城镇风景涉及历史与当代、感觉和视觉以及与城市其他要素相互作用，研究中应将城市设计、城市景观和城市规划联系起来。本书研究的城镇风景并不局限在历史区域或历史遗迹，也不是从传统的建筑学和城市规划角度研究城市建成环境，而是从风景园林学科出发，立足自然山水环境与建成环境，研究两者形成的复合关系。本书研究的城镇风景是泛指与城镇生活范围相关的风景景物和景象，不仅包括由建筑、道路、城镇设施构成的城镇地区内部的风景，还涉及城镇周边与城镇生活密切相关的以自然山水地形为骨架的自然风景。城镇风景概念的内涵是城镇风景环境的整合，而其外延则是对城镇风景柔性特征的一种保护和延续。

本书中涉及的与城镇风景概念相关的概念包括城镇风景空间构成、城镇风景空间组织、城镇风景空间结构和城镇风景空间布局，分别从空间构成要素、空间组织过程、空间结构与表现形式等方面来研究与城镇风景相关的问题。

1.2.3 环境协同

（1）系统论和协同观

系统的概念历史悠久，最早起源于古希腊语，意思是由部分构成整体。作为现代科学研究方法的核心思想，系统论最初在20世纪40年代由美籍奥地利人贝塔朗菲提出。在一般系统论观点中，系统包含要素、结构和功能三个层次，主要研究构成系统要素之间、要素与系统之间、系统与环境之间的相互关系。根据系统论观点，系统是普遍存在的，世界上任何事物可以根据研究范畴划分的不同分为不同的系统，例如自然系统、社会系统和生态系统等。系统论的基本方法是将研究对象当作一个系统，分析系统的功能与结构，研究系统、要素和环境间的关系并揭示规律，通过要素与环境间关系的优化，使系统处于一种“整体大于局部之和”的最优状态。随着系统论的发展，系统论进一步演化出了耗散结构论和协同学等新领域，使其向着模糊学科方向发展。

协同一词也来源于希腊语，意思是共同工作。20世纪70年代德国物理学家麦克·哈肯提出了现代系统科学的新方法——协同学。他认为人类社会和自然界事物的运行普遍存在有序和无序现象，无序现象所形成的事物状态是混沌，而有序现象所形成的事物状态是协同。在一个系统中，系统各要素如果能协同发展，系统就可以发挥整体性功能。形成多要素配合，多种力量凝聚成一个总力量，形成一种新的综合功能。因此，从系统论角度研究协同是研究不同事物的共同特征和共同工作的一种机制，可以揭示各种现象和子系统如何从无序向有序转化的规律。其主要研究内容是各子系统如何在序参量作用下，以自组织的方式产生有序的系统结构，形成系统的整体结构和功能。该方法弥补了传统研究方法在微观层面和宏观层面上的断裂，为从中观层面研究复杂系统如何形成整体性提供了组织机制的理论基础。

本书的研究正是遵循系统论和协同学的基本观点，将城镇风景视为一种复杂系统，从中观层面研究作为复杂社会现象的城镇风景是如何在文化观念的指导下与环境有序协同发展，形成空间整体性结构，进而为当代城镇风景空间结构的优化方向提供指导。具体来说，系统论视角可以解决城镇风景如何形成整体性空间的问题，可以解释城镇风景要素的类别与要素集合的层次关系以及风景系统的结构形式。但是系统论在进一步解释风景要素通过何种机制相互关联，风景系统如何发展和演进上就显得相对薄弱了。系统哲学论认为，系统的整体性是由系统内部要素的差异和协同来完成的，协同放大、协同进化和协同开放是系统协同的基本研究内容[1]。本书所采用的协同观正是以系统的演进机制为研究对象，通过分析系统要素间的内生适应性机制，解释系统功能的演进以及系统结构得以稳定的内生原理，以提高系统的可持续发展能力。以协同观介入城镇风景的空间布局研究，可以帮助我们摆脱在城镇风景营造中仅仅关注风景环境设计中场所感与布局

[1] 乌杰. 协同论与和谐社会[J]. 系统科学学报. 2010，18（1）：1-5.

形式的思想局限，而将视角转移到城市风景中各要素在面对城镇发展过程中的不同需求，如何形成良性的相互关联和相互刺激，形成共同合作的机制，满足城镇风景保护和发展的需要，以适应现代社会对城镇风景发展的新要求。

（2）环境协同

环境是一个相对的概念，可以泛指以动植物、水、土壤等为代表的大自然，也可以泛指与人类文化、制度、行为准则等有关的社会条件；既可指代生命体，也可指代非生命体。因此，环境概念的外延是宽泛的。

从一个严格的意义上来说，环境是指围绕着某种中心事物并对该事物产生影响的外界事物的统称。因此，在研究环境时，环境尺度的大小决定了环境系统的构成。在全球尺度下，环境包括大气环境、水环境、生物环境、土壤环境和地质环境五大圈层；在城市尺度下，环境是指组成城市系统的相关要素，包括动植物和山水等组成的自然环境以及建筑物、构筑物等组成的人工环境；在建筑尺度下，环境是指建筑内部空间和建筑外部空间中的相关自然条件；在人的心理尺度下，环境是指参与人类心理活动，并经过人的思想认知和组织过程的那部分外部条件。可见，环境的概念包含了外部客观条件和主观组织这两方面的含义。研究环境仅研究外部客观条件是不足以反映环境内涵的全部的，人对环境的文化抉择也影响到环境组织的方方面面。可见，人对环境的认识经历了从接受，到改造，再到和谐的一个发展历程。人类社会与环境协同发展是我们共同的追求。

本书研究的环境是与形成城镇风景空间相关的环境。从城市美学角度出发，环境包括城市中有山、有水、有林木的地区，是城市最有特色的地段❶。从文化景观角度出发，环境是城市自然环境要素的总和，是城市文化景观演化的背景和基础，并融入城市的整体构成中❷。环境不仅是城镇风景形成的空间条件，也是城镇风景塑造的对象。将城镇风景的研究放在一个相对宽泛的环境视角中，以一种发展的视角，认为城镇风景应该与城镇其他相关空间形成一致的、共赢的发展方式，来摆脱将城镇风景空间仅视为以美学和文化为主体的空间，避免城镇风景盲目艺术化的倾向。

本书研究的协同是指在城镇风景环境系统中各要素间的协调、同步和相互配合。环境协同是城镇风景的一种发展机制，通过该机制使城镇风景能够处于系统的自组织状态，系统各要素都进入良性发展的状态。

❶ 朱畅中. 风景环境与山水城市[M] //鲍世行，顾孟潮. 城市学与山水城市. 1994：422.

❷ 李和平，肖竞. 我国文化景观的类型及其构成要素分析[J]. 中国园林，2009，(02)：90-94.

1.2.4 城镇风景空间环境协同

城镇风景空间是一个复杂系统。城镇风景空间环境协同试图通过对风景空间社会性要素在城镇时空发展演化过程中呈现出与自然山水风景相适应的一种集体状态的研究，寻求一条协调社会发展与自然山水保护的可行之道。城镇风景空间环境协同理论与城市风貌协同、山水城市理论在外延和内涵上相互渗透，同时也存在显著的差异，具体如下：

1. 与城市风貌协同的理论差异

所谓城市风貌，是指城市容貌中具有特色，可以被纳入城市规划管理体系中的那部分内容[1]。具体地说，“风”是对城市中社会习俗、风土人情、传说等与文化取向有关的精神层面的概括；而“貌”是城市物质环境的综合表现[2]。因此，城市风貌由形而上的“风”和形而下的“貌”组成[3]，城市风貌是研究注入文化内涵的城市物质表现。城市风貌与城市特色是不可分离的一对概念。城市特色是从审美[4]和文化识别角度研究一个城市有别于其他城市的物质和精神成果的外在表现[5]。城市特色是城市个性特征的表现，是城市风貌的一个方面；城市风貌的内涵可以概括为城市特色问题。因此，城市风貌理论研究的是城市建成环境面貌的个性和共性的问题。

城市风貌理论研究始于20世纪80年代，主要针对现代功能主义城市规划给中国城市建设带来“千城一面”、风貌趋同、特色丧失等问题。国内学术界对城市特色风貌问题展开了系列研究，从1980年代的中国城市的特色风貌定位、城市形象建设，到1990年代借鉴日本、欧洲国家的方法来建构城市风貌系统理论，以及2000年之后的城市风貌控制、评价和专项规划[6]。城市风貌理论研究主要涉及五个方面：①以城市形象塑造为核心的综合性风貌规划；②以城市特色发展为核心的转型式风貌规划；③以城市文化经营为核心的保护式风貌规划；④以系统演化为核心的动态式风貌研究；⑤以建筑风貌为核心的专项式风貌研究。目前，从建筑学角度城市风貌理论在历史街区风貌的保护和恢复上已经通过文化遗产保护制度和建筑修复技术的发展形成了成熟的研究思路和可操作的研究方法。从城市设计角度，在城市整体风貌保护和城市特色挖掘方面虽然研究成果颇丰，但研究的理论框架尚不明确，研究对象和范畴也很含混，城市风貌理论还没有形成一套完整的研究思路和可操作的研究方法。

[1] 吴伟. 城市风貌学引论[M]//吴伟. 城市特色研究与城市风貌规划：世界华人建筑师协会城市特色学术委员会2007年会议论文集. 上海：同济大学出版社，2007：11.

[2] 蔡晓峰. 城市特色风貌解析与控制[D]. 同济大学，2005：5.

[3] 张继刚. 城市景观风貌的研究对象、体系结构与方法浅谈[J]. 规划师，2007，23(8)：14-18.

[4] 余柏春. 论城市特色结构理论[J]. 新建筑，2004，(3)：47-49.

[5] 沈益人. 城市特色与城市意象[J]. 城市问题，2004，(3)：8-11.

[6] 王敏. 城市风貌协同优化理论和规划方法研究[D]. 华中科技大学，2012：15.

现阶段城市整体风貌的研究主要集中在城市风貌保护、城市风貌感知等方面，主要指导思想是将城市风貌视为以某一历史时期景物特征为主导而进行的环境特色保护与维护，而忽略风貌变化会带来城市整体环境的改变。城市风貌协同理论是在城市风貌学研究中引入系统论、协同观，将城市风貌视为一种系统，研究风貌系统的演进规律。城市风貌协同理论的核心是认为城市风貌演化秩序的建立是实现风貌协同发展的关键，城市风貌的功能、状态、结构和意义应相互协同，并提出了条件优化、结构优化、要素优化和动力优化的协同策略。虽然城市风貌协同理论并不成熟，但是承认城市风貌演进的必然性并研究其演化机制，为本书的研究提供了思想方法的借鉴。

通过前述对城市风貌协同理论的综述可以看出，城市风貌协同理论基于建筑学理论，主要从城市形态学和环境心理学角度研究城市特色的维护、塑造以及风貌环境的组织。本书提出的城镇风景环境协同理论虽然与城市风貌协同理论都是以系统论、协同观作为理论基础，具有相似性，但仍存在理论差异，主要体现在以下几方面：

（1）城镇风景空间环境协同是立足于风景园林学领域，将传统风景园林学的研究领域延伸到城市规划的相关领域之中，研究范畴横跨风景园林学和城市规划两大学科，是一种跨学科的理论研究。

（2）城镇风景空间环境协同的研究对象是以城镇自然风景环境为核心的风景景物要素以及人造景物与自然风景环境间的协同发展关系。也就是说，研究的侧重点不一样。研究是以自然风景环境为图，以各类建筑景物为底，图与底之间的协同发展；而非城市风貌协同理论以建筑为图，以环境为底。

（3）城镇风景空间环境协同的研究方法虽然也采用以系统论、协同观为核心的方法，但着重研究的是城镇风景环境的组织机制，以及这种组织机制的可持续发展性。而非如城市风貌协同理论一般研究风貌的动态协同机制。

（4）城镇风景空间环境协同的研究目的，是解决城镇环境中以山水为核心的自然环境风景要素在当代城镇风景空间塑造中的意义和作用，为重塑山水在当代城镇风景中的意义提供理论依据。

本书提出的城镇风景环境协同是城镇风景空间发展的一种规划策略，通过将风景空间的研究置于一个相对广泛的环境视角中，研究以自然山水环境为核心的城镇风景空间组织和协同发展策略，以期为当代城镇风景的空间组织和重塑提供规划思路和操作方法。

2. 与山水城市的理论差异

众所周知，“山水城市”的概念是由钱学森先生提出的，源于人类对生存环境恶化的觉醒、对城市特色丧失的认识以及对传统文化复兴的倡导。钱老对“山水城市”的设想是通过挖掘中国古代传统文化中山水文学、山水画的意蕴和中国古典园林造园艺术，将中国古代博大精深的山水文化应用在现代城市的建设之中，提出“山水城市应该是21世纪中国城市构筑的模型”[1]。“山水城市”理论是一个全新的关于探讨人类诗意栖居，具有一定研究广度和研究深度的理论命题。在钱老的倡议下，理论界从1990年代开始对“山水城市”理论展开系统地探讨，涉及城市规划、城市设计、园林设计、生态学、地理学、文化学、形态学、考古学和美学等诸多内容，主要集中在以下几方面：

（1）山水城市理念的探讨

吴良镛先生指出“山水城市”的一般意义是城市要结合自然，城市的山水有生态学、气候学、美学、环境科学的意义，可以理解为“山—水—城市”的模式，在城市形态上强调山水的构成作用和城市的文化内涵[2]。鲍世行则提出“山水城市”的核心精神是尊重自然生态、历史文化，重视科学技术、环境艺术，面向未来发展[3]，是21世纪具有中国特色的城市发展模式[4]。王铎提出“山水城市”的理论内核与西方现代城市发展方向一致，山水城市是园林城市、文化城市、艺术城市、高科技城市的集合，其经典要义是文化方向，而不局限于具体挖湖堆山的古典园林设计方法[5]。顾孟潮则认为“山水城市”应该是一种生态和人文相结合的城市模型[6]。杨柳通过研究中国古代风水理论，分析其对山水城市建设的思想原型意义[7]；龙彬则认为山水城市的内涵是强化山水物质要素在营造特色鲜明、舒适宜人的人居环境中的作用[8]。

从山水城市理念的探讨中可以看出，学者们试图通过从中国古代文化中汲取合理内核来构建山水城市理论框架，提出一个可以延续传统文化内涵又兼有现代城市特征的理想人居环境原型。山水城市理论认为城市的自然风貌与人文景观应该融为一体，城市建设要尊重自然生态环境以及山环水绕的城址形态意境，要能传承中国城市发展了数千年的文化积淀所形成的城市特色和文化传统。但由于山水城市理论框架主要建立在传统山水美学在中国

[1] 鲍世行. 钱学森论山水城市[M]. 北京：中国建筑工业出版社，2010：9.

[2] 吴良镛. 关于山水城市[J]. 城市发展研究，2001，8（2）：17-18.

[3] 鲍世行. 论山水城市[J]. 城市，1993，（Z1）：9-13.

[4] 鲍世行. 山水城市：21世纪中国的人居环境[J].华中建筑，2002，20（4）：1-3.

[5] 王铎，叶苹. “山水城市”的经典要义：再论“山水城市”的哲学思考[J]. 华中建筑，2009，27（1）：6-8.

[6] 顾孟潮. 山水城市与生态文明[J]. 中国软科学，1996，（5）：109-110.

[7] 杨柳. 风水思想与古代山水城市营建研究[D]. 重庆大学，2005.

[8] 龙彬. 中国古代山水城市营建思想研究[D]. 重庆大学，2001.

当代城市建设的延伸之上，使得该理论主要以提高中国城市空间的艺术性为核心内容。

（2）中国古代城市研究对山水城市理论的延展

学术界从山水环境通论、山水文化、山水人居等多方面对中国古代城市的兴建思想、方法等进行了深入的研究。

吴庆洲从城市防洪视角，系统地收集整理了中国古代黄河、淮河、珠江流域的古城兴建与城市防洪之间的关系，归纳了中国古代城市水环境治理的特点与对策，为研究传统城市山水环境提供理论指导❶。龙彬从中国古代城市建设的山水特质入手，认为中国古人"天人合一"的哲学思想、持续发展的生态意识、融入自然的心态追求、因地制宜的形态法则和风水、造园等技术措施是实现中国古代山水城市兴建的方法❷。田银生从营造良好的人居环境视角出发，指出"山环水抱、封闭内向"是中国古代城市的环境模式❸。杨柳从类型学角度对山水景观要素在古代城市格局中起到的作用进行了研究，提出了以形象审美为主导、理性评价为辅助、喝形顿悟为参考的景观风水评价体系，从空间及安全格局角度分析了风水理论对古代城市建设的作用❹。范志永从中国古代形胜思想出发，以陕北历史城镇为研究对象，认为"形胜模式"是一种山水空间形态感知的最优模式，提出了"神境空间"、"礼境空间"、"人境空间"和"地境空间"的传统城镇空间形态，从景象感知的角度解释了传统城市与自然山水环境相融的城镇建构模式❺。汪德华将中国的山水文化分解为山文化、水文化、园居文化和寺观集聚文化，并系统研究了这四种文化分别对中国古代城市规划的促进与推动作用，探讨了山水文化对中国古代城市形态特征产生的影响❻。

综上所述，虽然理论界对中国古代城市进行了深入的分析，从不同侧面提出了关于中国古代城市环境组织的思想和方法，为山水城市理论的深化提供了理论基础。但目前的研究方法主要集中在对传统文化的挖掘、史料的整理以及对历史案例的分析、归纳和总结上。同时有鉴于研究古代城市规划的史料多来自于文字记载而难以进行实证研究，不可避免地带来了研究环节上的缺失。山水城市理论主要关注的研究范畴是主观城市美学。西方理论界在主观城市美学方面已经形成了较全面的理论研究框架和评价标准，而中国传统美学的研究虽然深入，但尚未形成一套成熟的主观美学评价标准和方法，这给如何从中国传统文化中汲取合理思想和实践精髓用于指导当代城市建设带来困难。目前，山水

❶ 吴庆洲. 中国古代城市防洪研究[M]. 北京：中国建筑工业版社，2009.

❷ 龙彬. 中国古代城市建设的山水特质及营造方略[J]. 城市规划，2002，26（5）：85-88.

❸ 田银生. 自然环境：中国古代城市选址的首重因素[J]. 城市规划汇刊，1999，（4）：28-29.

❹ 杨柳. 风水思想与古代山水城市营建研究[D]. 重庆大学，2005.

❺ 范志永. 再现失落的形胜：陕北历史城镇山水空间形态案例研究[D]. 西安建筑科技大学，2008.

❻ 汪德华. 中国山水文化与城市规划[M]. 南京：东南大学出版社，2002.

城市的理论探讨还没有形成完整和成熟的研究框架，缺乏一整套完整的研究思路和可行方案。

通过前述对山水城市理论研究的综述可以看出，山水城市理论的研究范畴非常宽泛，主要集中在建筑学、城市规划和地理学科领域，而涉及风景园林学科领域的相关研究相对较少。有鉴于此，本书提出的城镇风景环境协同理论是从风景园林学科领域出发，以中国传统城镇的风景面貌和构成为研究对象，研究以自然山水为核心的城镇风景组织和规划方法。该理论研究的出发点虽然与山水城市理论具有相似性，都是以中国传统山水文化的现代应用为目的，以创造具有中国传统城镇环境特征的当代城镇为目标，但该理论本身具有以下特点：

1）城镇风景环境协同理论是山水城市理论研究的延续和深化，从风景视角研究城镇自然山水环境的空间组织作用和方式是其核心研究内容。

2）城镇风景环境协同理论的研究对象更加具体化，是以具象的城镇自然山水环境为研究对象，不涉及山水城市理论中如何将抽象的山水诗画纳入到研究体系中的研究命题。

3）城镇风景环境协同理论是研究自然山水在城市整体风景空间组织中的公共性作用，以此来探讨城镇风景环境如何协同发展的问题。因此，对传统城镇风景空间理论思想的提炼来自于中国传统园林的一个非主流类型公共园林，而并非山水城市理论倡导的从大规模传统园林（特别是大型皇家园林）中提炼造园思想。

1.3　研究对象与研究范围

1.3.1　研究对象

中国传统城镇“景与城融”的风景格局具有独特的魅力和自成体系的总体特征。如何将这种总体特征在中国当代城市的风景营造中延续下去是当代城市建设一直寻求解决的问题。然而，目前关于中国传统城镇风景研究的成果多集中在思想方法和具体个案的探讨上，尚未形成一套系统的规划方法用于指导当代城市风景兴造。而西方的风景兴造理论虽然成熟，却因与中国传统文化存在深层次的差异而应用困难。因此，探索出一套既能够延续中国传统城镇风景格局又能够适应当代城市空间发展的规划方法具有现实意义。本书尝试在前人的研究基础上，以城镇风景为研究对象，按照“实践—理论—实践”的认知路线，对中国传统城镇风景的组织规律加以系统的总结和分析，进而深化中国城镇风景兴造理论。

本书将遵循城市空间系统论的研究路线，认为城镇风景系统中各要素的广泛关联是风景系统形成的基本动因，对关联性的研究是本书研究的主线，也为城镇风景空间结构模式的理论探索奠定基础。虽然从中观层次上对城镇风景空间结构的研究无法替代具体城镇风景的个案研究，但有助于我们揭示城镇风景空间组织与发展的整体规律，把握传统城镇风景空间演化的基本趋势，可以为解决中国当代城镇风景空间重塑提供合理的思路。

1.3.2 研究范围

本书以明代的《湖广总志》、《湖广图经志书》和清代的《湖广通志》中所涉及的传统城镇为主要实证研究对象，研究区域属于中国文化分区的湘鄂赣亚区[1]。从历史地理角度来看，明清时期的湖广地区包括今天的湖南、湖北全境和江西的部分地区，主要涉及长江中游支流汉江、湘江、赣水流经的地区，洞庭湖、鄱阳湖两大水域，包括江汉平原、湘江平原、赣江平原、南阳盆地地区的历史城镇。研究区域的自然条件是以丘陵地貌为主，江面宽阔、河网密集、湖泊众多。因其自然山水条件优越，人文积淀丰厚，拥有如荆州、岳阳、襄阳、汉口、武昌、南昌、长沙等风景资源卓越的历史文化名城。

施坚雅将长江中游地区的传统城镇划分为五大亚区，分别是：长江走廊，汉水流域，赣江、湘江、沅江三大支流流域[2]。在这一区域中，传统城镇从规模到繁荣程度有着“由核心向边缘递减”的层级关系[3]。这种层级关系使湖广地区传统城镇形成了稳定的城镇核心群和由中心向外逐渐模糊的边缘区。根据以上观点，本书构成了对湖广地区城镇的一个基本认识，即：核心城镇群由分布在长江走廊的湖北武昌、汉阳、荆州、襄阳府，湖南岳州、长沙府，江西南昌府组成；边缘区则包括德安、郧阳、衡州、永州、宝庆、辰州、常德、靖州府和安陆州。本书中湖广地区的城镇核心群是研究和论述的重点，同时也兼顾边缘区的城镇。

[1] 田银生，宋海瑜. 中国城市的地域分区探讨[J]. 城市规划学刊，2007，168(2)：81-86.

[2] 施坚雅. 中华帝国晚期的城市[M]. 叶光庭等译.北京：中华书局，2000：10.

[3] 顾恺. 明代江南园林研究[M]. 南京：东南大学出版社，2010：9.

第2章

传统城镇风景组织的理论基础

2.1 传统城镇风景组织的文化基础

2.1.1 哲学基础

1. 天人合一文化总纲

究天人之际是中国哲学的基本问题，是中国古人在长期生产实践中产生的关于人类在自然环境中如何安身立命，该何去何从的思考与发问。古人在观察宇宙和自然界演化规律的同时，体会到需要将自身行动与自然规律相协调，才能在人类力量渺小而自然环境变化莫测的原始状态下生存与繁衍下去。

《易·系辞传》中写道："古者包牺氏（伏牺氏）之王天下也，仰则观象于天，俯则观法于地，观鸟兽之文与地之宜，近取诸身，远取诸物，于是始作八卦。以通神明之德，以类万物之情"[1]。中国的"天人合一"思想发轫于《周易》，起源于古人通过卦象占卜事物现在的某种状态去预测未来的一种抽象思考，如《易·系辞传》中曰："夫易，圣人之所以极深而研几也。唯深也，故能通天下之志。唯几也，故能成天下之务"。古人之所以能"极深而研几"地洞见事物的发展规律，是直观观察积累到一定程度之后所形成的对自然环境发展规律认识的思维飞跃。正如《易·说卦传》中写道："昔者圣人之作《易》也，将以顺性命之理。是以立天之道曰阴与阳，立地之道曰柔与刚，立人之道曰仁与义。兼三才而两之，故《易》六画而成卦"。根据《易》的逻辑，古人要效法的是"天地之大德"，这样才能"生生之谓易"。《易传·乾文言》中写道："夫大人者，与天地合其德，与日月合其明，与四时合其序，与鬼神合其吉凶"[2]。因此，"天人合一"思想起源于中国古人对自身存在方式的一种直觉领会，力图从天道（自然之道、宇宙之道）提供人道（人的行为）原则来解释世界的统一性[3]。

儒家教育是以礼为首，以仁为核心的。儒家究天人之际的思考致力于解释人道与天道在建立礼制与仁爱万物的关系中所发挥的作用。孔子作为儒家思想的开创者提出"天何言哉，四时行焉，百物生焉"，将天道作为人道的道德源泉。孟子在解释天人之际问题时进一步探讨道德、理性和自由的关系。他提出要"尽其心者，知其性也。知其性，则知天矣。存其心，养其性，所以事天也"。人性是秉承于天的，要扩充还是丢弃人性是人的自由，如果人通过理性和良知来掌控人性就能拥有以仁为核心的道德，就可以实现天人合一的道德境界[4]。王阳明在《大学问》中说"大人者，以天地万物为一体者也。……大人之能以天地万物为一体也，非意

[1] 元永浩. 天人合一的生存境界：从西方形而上学到中国形而上境界[M]. 长春：吉林人民出版社，2005：8.

[2] 元永浩. 天人合一的生存境界：从西方形而上学到中国形而上境界[M]. 长春：吉林人民出版社，2005：11.

[3] 元永浩. 天人合一的生存境界：从西方形而上学到中国形而上境界[M]. 长春：吉林人民出版社，2005：7.

[4] 元永浩. 天人合一的生存境界：从西方形而上学到中国形而上境界[M]. 长春：吉林人民出版社，2005：19.

之也，其心之仁本若是，其与天地万物而唯一也”。因此，儒家思想中的“天人合一”是合于心的。这种“天人合一”是可以超越境界之别到达无所不达的自由境界。

《汉书·六艺》里记载“道家者流，盖出于史官。历记成败存亡祸福古今之道……清虚以自守，谦虚以自持”❶。史官在中国古代除了记录历史还执掌星历占卜，对天人之际的时空关系有深切的体验。《庄子·天道》中写道：“古之明大道者，先明天而道德次之”。道家认为的宇宙本源是“恒先之初，迥同太虚”。宇宙的变化是“剖有两，分为阴阳，离为四时”。道家将宇宙的道理分别推衍到“天”、“地”、“人”三方面，所谓“天制寒暑，地制高下，人制取予”❷。在研究天人之际的思想发展中，先秦道家衍生出一整套处理宇宙、社会和人生的知识和方法。老子提倡的“清静无为”可以理解为是追随天道，支配着地道、人道，人的做法应该是以“无为”来顺应天道，此所谓“人法地，地法天，天法道，道法自然”。王弼解释说：“道不违自然，乃得其性。法自然者，在方法方，在圆法圆，与自然无所违也。自然者无称之言，穷极之辞也”。庄子更进一步提出“天地与我并生，万物与我为一”的精神境界。“庄周梦蝶”、“濠梁知鱼”的论述更强调了道家在天地万物同一性上的认识。因此，道家思想中的“天人合一”是尊重自然之道、形神相保的❸。

中国传统思想在汉代走向融合，并统一归融于儒家思想。董仲舒吸收了周代以来的阴阳、五行学和法家、道家等思想，将各家之言杂糅成一个体系，提出了“天人感应”、“大一统”学说，对整个社会的知识做了一个总和。董仲舒在《春秋繁露·人为者天》中写道：“人之形体，化天数而成；人之血气，化天志而仁；人之德行，化天理而义；人之好恶，化天之暖清；人之喜怒，化天之寒暑；人之受命，化天之四时；人生有喜怒哀乐之答，春秋冬夏之类也。……人之情性有由天者矣，故曰受，由天之号也”。《春秋繁露·人副天数》中写道：“天德施，地德化，人德义。天气上，地气下，人气在其间”。《春秋繁露·阴阳义》中写道：“天亦有喜怒之气，哀乐之心，与人相副，以类合之，天人一也”。这里的“天”是人格化的神，已不是前人自然境界的代表。董仲舒将上至天子、下至百姓众生纳入天人感应的大一统的思想体系之中，完成了“天人合一”文化总纲框架的建构❹。

在中国传统文化思想发展史上，“天人合一”思想最终明确地提出是北宋的张载。《正蒙·乾称》中写道：“儒者则因明致诚，

❶（汉）班固. 汉书补注：卷三十[M]. 北京：中华书局，1983：1736.

❷ 葛兆光. 中国思想史：第一卷[M]. 上海：复旦大学出版社，2001：113.

❸ 李零. 中国方术考[M]. 北京：人民出版社，1994：15.

❹ 于亮. 中国传统园林“相地”与“借景”理法研究[D]. 北京林业大学，2010：26.

因诚致明，故天人合一，致学而可以成圣，得天而未始遗人”。要想做到“天人合一”就要明理，而理是来自于对天道运行的感悟和顺应的。如《正蒙·天道》中写道：“天不言而四时行，圣人神道设教而天下服。……故诗书所谓帝天之命，主于民心而已焉”。所谓“合一”是万物本源的统一，是张载所说的“气”，所谓“凡可状，皆有也；凡有，皆象也；凡象，皆气也”。

总而言之，“天人合一”思想起源于古人对在自然环境中生存之道的思辨，是对宇宙及自身认识的思想结晶。虽然作为中国传统文化的总纲，“天人合一”在不同历史时期所表现出的思维整合路线不尽相同，但是却始终没有离开人与天地万物合为一体的思想路线。人是自然界的产物，人的思想和行为都要与天地万物相交融。

2. 传统自然审美观

纵观中国古代“天人合一”思想发展史，“天”大致包含了以下三个层面意思：一是指天空、宇宙；二是指神化、人格化的自然；三是指自然运行规律。可以看出在中国古人思想中，“天”与“自然”关系密切。从某种意义上说，“自然”的出现是“天”概念精细化、定性化发展的结果。“自然”不仅指客观存在的宇宙天地万物，也包括所有具有未经人为处理或不显示人工痕迹的状态。“人工”主要指经由人的行为、思想意识所创造出来的、具有人工痕迹的创造。中国古人在仰观俯察其周围的生存环境时，体味到自然运行、变化生成的美景，形成了以自然为审美对象的审美观[1]。

从美学角度看，“天人合一”的意义就在于强调自然感官的享受和社会文化功能作用的交融[2]。中国古人在欣赏自然的时候也是本着这一原则，将自然之变化与人的情感联系起来。《诗经·卫风》中写道：“考槃在涧，硕人之宽。独寐寤言，永矢弗谖”，就描述了隐者徜徉山水之间，与自然环境对话的情境。《楚辞·涉江》中写道：“山峻高以蔽日兮，下幽晦以多雨。霰雪纷其无垠兮，云霏霏而承宇。哀吾生之无乐兮，幽独处乎山中”。反映了自然欣赏者孤寂苦楚的心情。庄子从人与自然一体，在自然中获得精神解脱的角度进行审美。《庄子·知北游》中写道：“山林与，皋壤与，使我欣欣然而乐与”。这是一种人流连于自然美景之间愉悦精神的写照。魏晋时期，由于玄学的发展，把欣赏自然之美作为追求人生超脱的一种方式。王献之在描写山阴美景时用“使人应接不暇”来表达对自然山水喜爱和亲近之情。顾恺之在描写会稽美景时用“千岩竞秀，万壑争流，草木蒙笼其上，若云兴霞

[1] 朱立元，王振复. 天人合一：中华审美文化之魂[M]. 上海：上海文艺出版社，1998：633.

[2] 李泽厚. 华夏美学[M]. 天津：天津社会科学院出版社，2002：17.

蔚”，抒发了他对自然美的深切体验。宗白华先生对古人自然审美进行了总结，他说：“晋宋人欣赏自然，‘有目送归鸿，手挥五法’，超然玄远的意趣。……晋人向外发现了自然，向内发现了自己的深情”❶。

❶ 宗白华. 美学与意境[M]. 南京：江苏文艺出版社，2008.

因此，中国古代自然审美从一开始就将审美的重点放在对自然的体验与感悟之上，而不是对自然的直接模仿上。正如祝同嗜在《与古斋琴谱·制琴曲要略》中说：“凡如政事之兴废，人身之祸福，雷风之震枫，云雨之施行，山水之巍峨洋滋，草木之幽芳荣谢，以及鸟兽昆虫之飞鸣翔舞，一切情况，皆可宣之于乐，以传其神而会其意者焉”。

2.1.2　心理基础

1. 传统文人人格思想

中国传统社会是以“耕、读”作为立国之本的，文人是中国传统社会中主要的社会阶层。传统文人不仅仅是社会中的文化阶层，也是善于发挥文学的“比兴”作用表达人生情感的一类人群。所谓“诗言志，歌咏言”，文人通过诗词歌赋、绘画来表达其人生追求和志向。受天人合一思想的影响，中国传统文人把自然看得要高于一切，甚至可以高于生命。城镇对于传统文人而言是尘世，他们更向往清幽的自然山水环境。因此，在中国历史上才会出现像伯夷叔齐、介子推这样宁愿困死山林也要享受自然清幽之趣，不愿入朝为官的文人。

由于中国知识分子征辟、选考传统使得文人“学而优则会仕”，与官僚合流形成“士人”阶层❷。中国的士人阶层是在贵族和庶民之间，大一统和小农经济相结合的社会整合力量。士人阶层在“修身、齐家、治国、平天下”的社会责任感和“率土之滨莫非王臣”的压力环境中形成了“仕”与“隐”两种生活取向。士人能仕之时可以发挥治国平天下的社会整合力量，而在理想与现实发生矛盾之时也能抽身而出，以保持文人形象的理想性与纯洁性❸。宋代的苏舜钦在《沧浪亭记》中写道：“返思向之汩汩荣辱之场，日与锱铢利害相磨戛，隔此真趣，不亦鄙哉”❹！计成在《园冶》的最后篇幅中写道“历尽风尘业游已倦，少有林下风趣，逃名丘壑中，……似与世故觉远，惟闻时事纷纷，隐心皆然”，就传达出传统文人的心态。

❷ 周维权. 中国园林史[M]. 北京：清华大学出版社，2007：9.

❸ 张法. 中国美学史[M]. 成都：四川人民出版社，2006：103.

❹ 陈从周，蒋启霆选编；赵厚均注释. 园综[M]. 上海：同济大学出版社，2004：206.

2. 传统文人心理法式

从中国传统隐逸文化的发展历程来看，可以分为“隐”和

"逸"两种境界。"隐"是初级境界，"逸"是高级境界。早期的隐者遁迹于真山真水之间，如《庄子》中说的"岩居而水饮"、东方朔描写的"遂居深山之间，积土为室，编蓬为户"[1]。早期的士人审美多山林野趣，发出了"天地有大美而不言"的赞叹。但真山真水中的隐居毕竟清贫，魏晋之后私家园林出现改变了追求"隐"的生活条件，为"逸"创造了条件。对传统文人来说，"逸"是一种超凡脱俗、不拘常规、自由自在的心态。清代笪重光在《画筌》中写道："高士幽居，必爱林峦之隐秀；……摊书水槛，须知五月江寒；垂钓砂矶，想见一川风静"。

郑元者先生曾说过："在人的生活世界中，人一般是从特定的社会关系出发对外在现实和内在现实做出基本的衡量和区别，以寻求某种人生表达的途径，从而创造出与其人生经验、信念和价值观相匹配的基本生活图景"[2]。因此，中国传统文人要求其生活环境能够体现隐逸思想，以此作为一种对心灵自由的代偿，追求宁静、和谐、淡泊和清远的基本生活环境图景来满足寄情、避世的心理追求。自然山水景物正是因为满足了传统文人这种心理法式的要求而成为中国传统审美的最高层次。刘薇在《叙画》中写到"望秋云，神飞扬，临春风，思浩荡。虽在金石之乐，圭璋之琛，岂能仿佛之哉"，表达了传统文人的这种群体人格心理。

2.1.3 认知基础

1．直觉顿悟的环境认知方式

中国传统的环境认知方式是"仰观俯察"、"内外观照"，这是"天人合一"文化总纲下的一种环境整体观。中国传统的环境观认为世界是一个整体，人和环境也是一个整体；整体包含许多部分，要了解部分就必须先了解整体。但这种整体的环境认知方式是一种"大而全"的方式，不论是老庄所说的"道"，还是玄学所说的"自然"、理学的"气"等都是如此，既不能用概念分析，也不能用语言清晰表达。因此，中国传统的环境认知是通过直觉顿悟实现的。所谓"直觉顿悟"是人们把自己置于环境对象之中，以便通过理智交融的方式体会其中独特的、无法表达的东西。老子所说的"虚静"、"玄览"，庄子所说的"心斋"、"坐忘"，都是要人们排除理智推理以直觉的方式去感知环境[3]。所以，直觉顿悟思维是一种非理性思维方式，是通过感性形象直接升华为观念，以取象类比和意会判断建立起的一种"近取诸身、远取诸物"的思维模式。

[1] 张法．中国美学史[M]．成都：四川人民出版社，2006：103.

[2] 郑元者．美学与艺术人类学论集[M]．沈阳：沈阳出版社，2003：96.

[3] 王德军．从逻辑分析到直觉顿悟：中国传统思维方式的现代转换[J]．河南社会科学，1999，(05)：34-38.

2．含蓄蕴藉的艺术化思维方式

直觉顿悟是一种艺术化的思维方式，是一种以意象思维作为心理活动特征的基本形式。《雪心赋》中说："物以类推，穴由形取"，古人在相地、择居之时就是通过山水取象、正名来判断山水环境的凶吉，安排居住环境❶。因此，"意象"便成为传统环境感知中的焦点。在中国传统思想中美好的环境是有"意象"原型的。"昆仑"、"蓬莱"、"壶天"仙境以及陶渊明式田园环境等风水聚居模式，都是古人以艺术家式眼光来寻求的理想环境。中国传统风水术采用"觅龙"、"察砂"等方式来观象，对山水环境进行梳理，找到符合中国人传统环境心理要求的聚落环境。但是理想的山水聚居环境并不多，需要通过对自然环境的必要改造和补救来实现理想中的环境图景。于是中国古人开创了"开渠"、"筑塘"引水，"培龙补砂"等方式来改造环境，具有风水意义的湖、池水景以及塔、林等山景的营造成为中国古人满足环境心理需求的一种方式。自然山水景物的人工化营造也正是符合了中国古人的这种艺术化环境认知和感知方式而成为人们生活中自觉经营的生活诉求。

❶ 杨柳. 风水思想与古代山水城市营建研究[D]. 重庆大学，2005.

2.2　传统城镇风景的典型类型

2.2.1　自然山水

《园冶》有云"得景随形"，意思是风景的营造要以自然条件为依托。"形"作为自然条件是一种环境的本质特征，如《史记·太史公自序》中云："形者，生之具也"。因此，在造景之时需要对"形"的特征进行把握，才能做到"虽由人作，宛自天开"。

"形"在中国传统地理概念中有"三形"之分，即"形胜"、"形势"和"形法"。《荀子·强国》中写道"其固赛险，形势便利，山川林谷美，天才之利多，是形胜也"。《汉书·张汤传》中写道"问千秋战斗方略，山川形势，千秋口对兵事，画成地图"。《汉书·六艺》中写道"形法者，大举九州之势以立城郭室舍形"。"形胜"是指优越的地形；"形势"是指地形的走向趋势；"形法"是指建立在前两者基础之上人类改造环境的规则和方法。可以看出"形"在中国传统地理观念中是一种对比较大地域范围内山川地形走势或地表发展规律的认识，带有主观色彩❷。

风水中对"形"的认识不仅是一种地貌特点的反映，还具有一种环境尺度的理念。《藏书·内篇》说："千尺为势，百尺为形"。《管氏地理指蒙》说："势言其大者，形言其小者"。"势"是山川

❷ 李辉. 我国古代地理学三形思想初探[J]. 自然科学史研究，2006，25（1）：76-82.

脉络的走势和山峦环境的总体轮廓，“形”是穴场周围和穴场内具体的环境形式。形与势相辅相成，不可分割。《管氏地理指蒙·形势异相》中说：“行者势之积，势者形之崇”，“形势之异相也，远近行止之不同，心目之大观也”。《葬书翼·葬旨篇》说：“远势近形，众秀毕呈”[1]。因此，古人在得景之时所随之形，并不仅局限于景物营造所需的小环境，而是将眼光放诸大尺度的山水环境范围之中。

大约在仰韶时代，由万物有灵观念引发了中国古人的山水崇拜。《抱朴子·登涉》中写道“山无大小皆有灵，山大则神大，山小则神小”。在《史记·封禅书》、《汉书·郊祀志》中有大量的帝王祭祀山川活动的记载。中国古人之所以要祭祀山川之神是因为对自然山水环境怀有既亲和又畏惧的心理。在生产力水平极低的情况下，人们的生活很大程度上受惠于自然山水环境提供的物质滋养。正如《韩诗外传》中指出的，“山者，万物之所瞻仰也，草木生焉，万物殖焉，飞鸟集焉，走兽休焉，吐生万物而不私焉”[2]。

由于在物质和精神上都与自然山川有着密切的联系，古人形成了原始的山川崇拜。《论衡·祭意》中云“山出云雨润万物，六宗居六合之间，助天地变化，王者尊而祭之”。《礼记·王制》中云：“天子祭天下名山大川，五岳视三公，四渎视诸侯”。“天子祭天下名山大川”成为古代帝王“八政”之一，并在此基础上发展成独特的“五岳四渎”山川祭祀文化[3]。《尔雅·释山》云：“东方有岱者，言万物皆相代于东方也。南方为霍，霍之为言护也，言大阳用事护养万物也。西方为华，华之为言获也，言万物成熟可得获也。北方为恒，恒者常也，万物伏藏于北方有常也。中央为嵩，嵩言其高大也”。《尔雅·释水》中云“天下大水四，谓之江、淮、河、济是也。渎，独也；各有独出其所而入海也。江，公也；小水流入其中也，公，共也。淮，围也，围绕扬州北界，东至海也。河，下也；随地下处而通流也。济，济也；源出河，北济河而南也”[4]。虽然历朝的“五岳四渎”所崇拜的山川有所不同，但作为山川崇拜对象的山水却是中国古人依据地域环境特点提炼出来的。《山海经》中记载的山共有451座，《水经注》中记载的河流共有1000多条，但只有“五岳”和“四渎”被提炼出来加以崇拜，是因为他们拥有深厚的望祭封禅文化底蕴和独特的景观个性，正如清代诗人魏源在《衡山吟》中描述了五岳的景观特点是“恒山如行，泰山如坐，华山如立，嵩山如卧，唯有南岳独如飞”[5]。

“五岳四渎”所覆盖的区域基本上是中国古代文明形成较早的

[1] 张杰. 中国古代空间文化溯源[M]. 北京市：清华大学出版社，2012：351.

[2] 李文初等. 中国山水文化[M]. 广州市：广东人民出版社，1996：5.

[3] 张杰. 中国古代空间文化溯源[M]. 北京市：清华大学出版社，2012：81.

[4] 张杰. 中国古代空间文化溯源[M]. 北京市：清华大学出版社，2012：185.

[5] 陈水云. 中国山水文化[M]. 武汉市：武汉大学出版社，2001：166.

区域，见图2-1。泰山、嵩山在黄河之南；华山位于黄河、渭河交汇处；衡山在湘江之西；恒山南北有桑干河、滹沱河。虽然对这些山水的望祭是中国古代统治者为加强国家统治而采取的一种手段，但它们同时也是中国古人依据中国传统文化建立起的一种大尺度自然山水欣赏的方式。

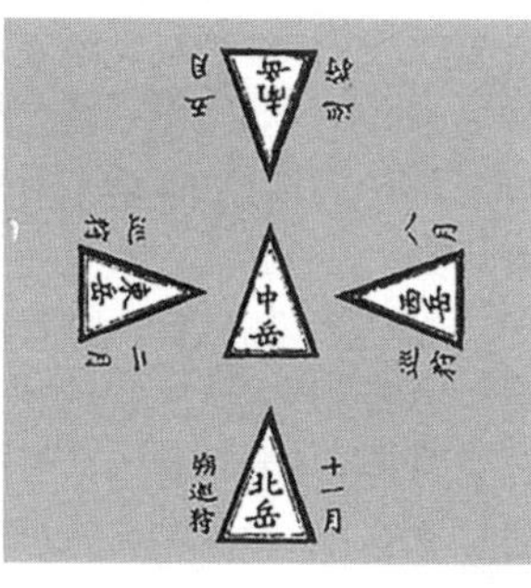

图 2-1　五岳四渎图（资料来源：根据《中国古代空间文化溯源》改绘❶）

❶ 张杰. 中国古代空间文化溯源[M]. 北京市：清华大学出版社，2012：82.

2.2.2　八景题咏

中国传统文人在山水崇拜的基础上形成并发展了自然山水游赏的传统，人们自觉地发现所居城镇周边的自然山水美景并加以归纳提炼，形成了各自的城镇景物。在古代志书中，关于城镇景物的描述和记载往往以“八景”、“十景”、“二十四景”等来命名，形成了以“八景”文化为代表的，中国独有的景观集称文化❷。

“八景”最初是一个道教概念，代表了道教修行时最佳受仙行道时间里的景色，如《云笈七签》卷三十所说：“我入八景，驾琼轮。仰升九天，白日飞仙”❸。“八景”题咏作为对城镇山水景物的概括起源于传统绘画，是八幅以平远山水景物为主题描绘的山水画。传统文人在家中通过摆放八个以“渔樵耕读”、“春夏秋冬”为主题的绘画屏风来反映主人热爱自然与生活的志向，又将以八幅画屏描绘风景组景的绘画方式加以扩大，将城镇的自然景色也用传统“八景”的绘画主题来归纳总结，形成了传统城镇“八景”题咏。城镇“八景”题咏使城镇周边的自然风景的时空意象与人们的生产、生活相联系，进而成为中国特有的描绘某一地区城镇风景的方式❹。因此，“八景”题咏是古人对一个地方自然和历史人文景物特点的归纳和总结。“八景”以四字命名，几乎都是一个地区的地名加上此地美景的形式，如“岱山夕照”、“烟村春雨”、“云崖山色”等。唐代柳宗元描写永州自然山水景物所做的“永州八记”被认为是自然山水景观集称的滥觞❺。而特指地方风光的

❷ 吴庆洲. 中国景观集称文化[J]. 华中建筑，1994，12（2）：23-25.

❸ 耿欣. “八景”文化的景象表现与比较[D]. 北京林业大学，2006：3.

❹ 张廷银. 传统家谱中“八景”的文化意义[J]. 广州大学学报（社会科学版），2004，3（4）：40-45.

❺ 吴庆洲. 建筑哲理、意匠与文化[M]. 北京：中国建筑工业出版社，2005：64.

“八景”一般认为源于北宋宋迪的“潇湘八景”组画，但影响大的是“西湖十景”、“关中八景”和“燕京八景”❶。

从某种意义上说，从一个地区的“八景”可以反映出该城镇周边风景的环境意象间架。首先，“八景”所描述的风景内容包含了对自然山水风景特点的概括。观山之景多以峰、领、台、岩、洞等为主题，如燕京八景的居庸叠翠、银锭观山，芷江八景的明山叠翠，昆明八景的螺峰叠翠，衡阳八景的朱陵仙洞等。观水之景则多以江、溪、湖、池、潭、瀑、泉等为主题，如燕京八景的玉泉趵突，湛江八景的东海旭日，昆明八景的滇池夜月，长安八景的曲江流饮，咸阳八景的丰水碧波等。传统城镇的自然地貌中雄、奇、险、秀、奥、旷的特点在“八景”的选择与描述上得到高度提炼和概括❷。其次，“八景”所描述的风景内容也包含农耕风景主题。农耕、林木、水塘养殖的利用在取得实际生产作用的同时也能让人产生田园牧歌式的景物感受，如台湾八景中的沙鲲渔火、燕京八景中的东郊时雨、昆明八景中的官渡渔歌等。传统城镇的山水景物通过“八景”的营造不仅反映出城镇自然山水环境本身的特殊造型和特殊景色，也将风景扩大到自然风景与人文活动相关的范畴。如西湖十景中的南屏晚钟、柳浪闻莺，真州八景中的西浦渔歌，钱塘八景中的钱塘观潮等都是人们徜徉在自然山水美景中愉悦心态的一种表现。古人徜徉在山水景物之间观察到了山水景物在时空流转下带来的景物多变，春夏秋冬、阴晴雨雪、晨夕日月与山水景物相对照展现了丰富的大地景观。潇湘八景中的山市晴岚、江天暮雪、洞庭秋月、潇湘夜雨就充分表现了自然风景在时空变化下的动静交融之态❸。

数字在中国传统文化中具有深刻的文化内涵。中国古人喜欢用数字抽象地表达深奥的哲理和意义，如《周易》中写道：“是故，易有太极，是生两仪，两仪生四象，四象生八卦”。《易·系辞》中写道：“天一，地二；天三，地四；天五，地六；天七，地八；天九，地十”❹。因此，在中国传统观念中，“八景”代表地景，可以意会为地域八方之景。但八方并不是指每个方位都有景，而是古人对城镇风景有章法的排列和组织。比如燕京八景有：卢沟晓月、蓟门烟树、玉泉趵突、居庸叠翠、太液秋波、琼岛春阴、金台夕照、西山晴雪。卢沟晓月位于京西交通咽喉处，永定河畔；蓟门烟树位于城北德胜门外小关，相传的古蓟城遗址处；玉泉趵突位于京西玉泉山下；居庸叠翠位于京城北侧燕山山麓的长城军事要塞；太液秋波位于皇城西侧的太液池；琼岛春阴位于

❶ 赵夏. 我国的“八景”传统及其文化[J]. 规划师，2006，22(12)：89-91.

❷ 谢凝高. 山水审美人与自然的交响[M]. 北京市：北京大学出版社，1991.

❸ 耿欣.“八景”文化的景象表现与文化比较[D]. 北京林业大学，2006：27.

❹ 吴庆洲. 建筑哲理、意匠与文化[M]. 北京：中国建筑工业出版社，2005：64.

皇城内的琼华岛上；金台夕照位于京城东南的“岿然土阜”处；西山晴雪位于京城西侧的西山[1]。这些风景在空间上分别围绕在京城的宫城、皇城和外廓的山水交汇之处，与城镇呈一种拱卫的态势。在景象表达上既有动静之态、视听之美、四时景象变化，也有人文胜迹，与城镇一起构成了具有时空整体性的山水景物空间[2]。

可以说，对“八景”的题咏是古人对传统城镇山水美景的认知，是一种热爱自然、崇拜自然的表现，也是古人对自己生活的山水环境领域感的一种强调[3]。传统城镇风景也通过“八景”的题咏得到意境的提升，从而达到满足人们与其生活的城镇空间自然山水环境交融和对话的需要[4]。

2.2.3　文人写意山水

李约瑟曾在研究了“中国型”和“欧洲型”古代城镇之后，指出中国传统城镇是以一种“由外而内”的方式发展起来的[5]。钱穆先生在《中国文化史导论》中分析了这种“由外而内”发展的方式。他指出中国传统城镇的营建方式是一种类似于在海洋中建岛屿、沙漠中修绿洲的方式。城镇与城镇之间是一块块孤立开来的，城镇外围是城墙，城墙外围是农垦区[6]。《管子·权修》中对这一建设现象有具体描述，即“地之守在城，城之守在兵，兵之守在人，人之守在粟”。传统城镇营建是出于防御的需要，同时兼有发展农业耕作土地的需求。因此，传统城镇与其周边自然环境的关系是一种由大自然环境逐渐向人工过渡，一圈一圈向内收紧的关系。

传统城镇营建有两种模式：一种是以《周礼·考工记》中记载的营国制度为代表，以严格的礼制思想为指导的、规整式的布局；另一种是以管子自然主义思想为指导的自由式布局。但不论这两种类型的城市是如何规划的，城内的官衙建筑或住宅建筑等都是按照严格的礼制风格来建设，形成符合儒家传统思想的以规则、对称、条理分明为特点的聚居环境。但长久生活在这种规矩准绳之内，难免单调而压抑。因此，在传统城镇中有两种出发点相反的人工环境营建准则来保证城镇环境既符合礼制要求又满足身心需求，即“宫室务必严整、园林务必分散”[7]。两者兼得的方法是将园林容纳进宫室之中，形成宅园、府衙园、坛庙园林、寺观园林、皇家园林等。朱启钤先生在《重刊园冶序》中解释了古人造园的这种心态，“若夫助心意之发舒，极观览之变化，人情所

[1] 秦元璇.“燕京八景”古今谈[J]. 中国园林，1993，9（4）：23-27.

[2] 刘镇伟. 中国古地图精选[M]. 北京：中国世界语出版社出版，1995：67.

[3] 范志永. 再现失落的形胜：陕北历史城镇山水空间形态案例研究[D]. 西安建筑科技大学，2008：32.

[4] 王树声. 黄河晋陕沿岸历史城市人居环境营造[M]. 北京：中国建筑工业出版社，2009：106.

[5] 李允鉌. 华夏意匠：中国古典建筑设计原理分析[M]. 天津：天津大学出版社，2005：378.

[6] 钱穆. 中国文化史导论[M]. 北京：商务出版社，1996：56.

[7] 李允鉌. 华夏意匠：中国古典建筑设计原理分析[M]. 天津：天津大学出版社，2005：306.

喜，往往秩出于整齐划一之外。……盖以人为之美入天然，故能奇；以清幽之趣药浓丽，故能雅”[1]。风景的“奇”与“雅”能够打破城市建筑环境均齐、庄重的格局，以便在枯燥的城镇建筑环境中满足古人与自然环境间微妙的心理制衡。

明代李维贞在《松石园记》中写出了造园的目的是“或取适于花草鱼禽；或取胜于泉石湖山；或取景于烟雨风月；或取事于渔樵耕牧；或以睦宗戚；或以训子孙；或以集友朋；或以扣禅宗”[2]。既然古人在城镇内营建园林是出于“贴切生活”的目的[3]。那么将自然山水环境模拟缩移至一个小环境中日涉成趣，唤起人们对自然风景的联想就成为文人写意山水园的最终追求。《园冶·立基》中就提到造园要能使人体会到“江流天地外，山色有无中”的诗意景物。但城镇内营建园林要做到“园以景胜，景因园异”并不容易[4]。因此，从园外往园内借景是造园的要义之一[5]，所谓“园虽别内外，得景则无拘远近”。《园冶》中归纳的可借之景物为“晴峦耸秀，绀宇凌空”、“萧寺可以卜邻，梵音到耳”、“远峰偏宜借景，秀色堪餐”、“紫气青霞，鹤声送来枕上”、“高原极眺，远岫环屏”、“斜飞堞雉、横跨长虹”等自然景物与人工景物。当园内外的景物相映成趣时，园内观景之人便可以通过视线、感官的通达，体味到园内世界与园外景物同参，即所谓“物情所逗，目寄心期”的意境，实现跨越世俗，达到忘我畅神的境界。《帝京景物略》中记载英国公在营造新园时，虽然院内只“构一亭、一轩、一台耳”，并说“夫长廊曲池、假山复阁，不得志于山水者所作也”。园景的组织全靠“但坐一方，方望周毕”，园外的南海子、万岁山、亿万家甍、西山等景色都可以“近如可攀”[6]。虽然传统城镇的文人写意山水园多附属于建筑庭院，是一种内向封闭式的园林。但当整座城市被园林所围绕，并浸浴在由园林营造所传达出的文化和审美氛围中时，传统城镇风景的完整意义才能得以表达。元朝时阿拉伯旅行家伊本·白图泰就曾以一个外来者的身份感叹过泉州府城的整体园林氛围。他说：“这座坐落在广袤平原上，风景优美且规模庞大的城市便映入我们的眼帘，……这座城市四面都是城墙，……中国人就在这城墙所圈定的区域内生活，……每一个居住者都有自己的园林、田地和住宅”[7]。

传统城镇风景兴造有着深刻的哲学、心理和认知基础，城镇风景美的形成不仅仅关乎视觉审美的需要，而更多与古人在城镇生活中的精神诉求相关。分析传统城镇风景兴造的思想基础以及

[1] （明）计成著，陈植注释，杨伯超校订，陈从周校阅．园冶注释[M]．北京：中国建筑工业出版社，1999：17.

[2] 陈从周，蒋启霆选编．赵厚均注释．园综[M]．上海：同济大学出版社，2004：472.

[3] 王铎．中国古代苑园与文化[M]．武汉：湖北教育出版社，2002：9.

[4] 陈从周．园林清议[M]．南京：江苏文艺出版社，2005：4.

[5] 顾凯．明代江南园林研究[M]．南京：东南大学出版社，2010：106.

[6] 陈从周，蒋启霆选编．赵厚均注释．园综[M]．上海：同济大学出版社，2004：7.

[7] （法）米歇尔·柯南，陈望衡．城市与园林：园林对城市生活和文化的贡献[M]．武汉：武汉大学出版社，2006：2.

从宏观到微观的风景组织的层次对城镇风景形成的意义，可以帮助我们理解风景之于传统城镇建成环境的意义。本章对传统城镇风景兴造理论做了系统的梳理，为进一步研究传统城镇风景的组织和演替方式奠定理论基础。

第3章

传统城镇风景结构

“景妙何在？曰：妙在知与不知之间。知者，知其妙，悉其好恶；不知者，不知其所以然也”[1]。

中国传统城镇因在风景面貌上与自然山水环境保持高度地协调，形成了独特的环境整体性特质而备受关注。景与城融的风景格局是中国传统城镇典型的环境景象。目前理论界已经从中国传统文化浸润下的城镇空间构成方法[2]、风景游赏活动类型[3]和传统城镇景观类型学[4]等多个侧面对中国传统城镇风景空间格局的形成进行了深入细致的解析。然而中国地域幅员辽阔，山水景观环境类型多样，各地的文化特点也不尽相同，表现出城镇风景格局差异万千。因此，只有从根本上把握传统城镇风景格局形成的因由，才能有效地提取传统城镇风景形成的内在核心，为中国当代城镇整体风景环境的营造提供理论借鉴。

本章将传统城镇风景作为一个完整的空间系统进行研究，采用系统论、结构主义视角分析传统城镇风景的整体性结构，以便厘清传统城镇风景的空间构成与组织方式。

[1] 吴隽宇，肖艺. 从中国传统文化观看中国园林[J]. 中国园林，2001，(03)：84-86.

[2] 张杰. 中国古代空间文化溯源[M]. 北京：清华大学出版社，2012.

[3] 吴承忠，韩光辉. 明清北京休闲空间格局研究[J]. 地理学报，2012，67(06)：804-816.

[4] 刘沛林. 中国传统聚落景观基因图谱的建构与应用研究[D]. 北京大学，2011.

3.1 结构主义与结构

结构主义作为专业名词最早出现在1935年布拉格学派的语言学研究中，是20世纪下半叶最常用来研究文化与社会现象的研究方法之一。结构主义主要研究一种文化或社会现象的意义通过什么样的结构或什么样的相互关系表达出来。它起始于奥地利哲学家路德维希·维根斯坦利在《逻辑哲学论》中的基本观点，即：世界是由许多被称之为“状态”的基本单元构成，每个“状态”是一条由众多事物组成的锁链，使得“状态”处于相对稳定的关系中。这种“状态”就是“结构”。目前，结构主义已不是一种单纯的应用于哲学或语言学范畴的研究方法，而是广泛应用于人文和社会科学领域的一种具有普适性的研究方法，其目的是使人文和社会科学也能像自然科学研究方式一样具有较强的逻辑性和精确性。

结构主义研究的出发点是认为：世界上任何事物并不具有所谓的本质特征，事物的特征是由事物的内在结构决定的，而结构又是由事物内部不同层次的相互关系决定的。因此，结构主义的研究对象就是结构。根据结构主义观点，人和事物只是结构的支撑点，人认识的唯一对象就是结构而不是其他。为了了解事物的结构，需要将被研究对象进行解析和分解，以确定最小的结构单位，然后再按照时间、空间、逻辑三个角度来研究结构单位的组合情况，最后达到了解事物意义形成途径的目的。法国文学评论家让·皮阿遂提出了结构主义思想应具有以下三种主要观点：（1）整体性观点，即任何事物的结构是按照组合规律有序地构成一个整体的；（2）转化性观点，即任何事物结构中的各部分可以按照一定的规律相互转化或替代；（3）自我制约性观点，即任何事物内部的各组成部分相互制约、互为条件[1]。结构主义是一种概括性的研究方法。它的出现能帮助人们从混乱的表面现象中揭露出清晰的结构，从而找出表象所体现的意义，帮助人们理解文化意义是如何渗透于人类的各种活动现象。它首先应用于语言学对文学作品的解读，后又被广泛应用于与文化现象相关领域的研究，比如建筑学、风景园林学等方面。

一般地讲，“结构”是指“一个相对复杂的过程或实体各部分之间的关系及其组织方式”[2]。通过研究结构，可以反映出复杂事物各部分间的时空关系、组织秩序，体现其内在联系的方式，从而达到了解复杂事物是如何形成和运作的目的。本章将遵循结构主义的基本研究方法，将传统城镇风景分解至最小的结构单位，然后按照“体验和欣赏”这两个人与空间的基本关系来研究结构单位的组合情况，从而达到了解传统城镇风景是如何与传统城镇空间相融的目的。

3.2　风景视角下的传统城镇空间

从上一章对中国传统城镇风景组织的理论回顾我们可以清晰地看出，传统城镇风景组织所形成的组织结构具有清晰的层级性关系，即形成了由自然山水风景到城镇八景，再到文人写意山水，这样一个由宏观到微观、由具体到抽象的风景空间格局。但这种风景空间格局的系统性是针对属于宏观层面的城镇风景体系而言的，而对于属于中观层面的传统城镇风景空间而言，这种系统性就显得并不那么清晰了。究其缘由，属于中观层面的传统城镇风景空间不仅根植于传统城镇的自然山水风景，还与丰富的传统城镇生活之间有着千丝万缕的联系。

人与城镇空间存在两种最基本的关系：一种是占有和使用，另一种是欣赏和体验[3]。作为前者存在的城镇空间是为了满足人们在其中生产和生活的物质需求；而作为后者存在的城镇空间是为了满足人们在其中生存和生活的精神需要，这两者对于人类在城镇空间聚居生活发挥着同样重要的作用。因此，研究传统城镇风

[1] 冯毓云. 文艺学与方法论[M]. 哈尔滨：黑龙江教育出版社，1998.

[2] （美）普兰. 科学与艺术中的结构[M]. 曹博译. 北京：华夏出版社，2003：100.

[3] 章光日. 信息时代人类生活空间图式研究[J]. 城市规划. 2005，29（10）：29-36.

景实际上是要将传统城镇风景空间从传统城镇生活空间中剥离出来，从风景的视角去分析城镇环境所产生的意义。

3.2.1 传统城镇职能空间的风景

不论从记载中国传统城镇建设、生活方面内容的地方志，还是从古代城图的直观解读中都不难发现，传统城镇的风景面貌与现代城镇有着显著差别。这与传统城镇职能和现代城市职能存在非常显著的差别有关。根据清康熙年间编撰的《古今图书集成·职方典》的记载，城镇建制内容大致分为11大类：城池、公署、邮传、津梁、坊、铺舍、坡塘、坛庙、寺观、乡饮和射圃。其中，城池、公署、邮传、坊、铺舍中记载了关于城镇居住、商业、交通、教育、城镇管理、城镇防御等方面的建设内容；坡塘、津梁记载了关于城镇水利设施建设方面的内容；坛庙、寺观、乡饮、射圃记载了关于城镇礼制宗教方面的建设和要求。传统城镇的职能主要包括祭祀旌表、城镇管理、交通设施、商业贸易、文化教育和御灾防卫等❶，其中的御灾防卫、祭祀旌表职能与现代城镇职能相差最大。可见，在传统城镇中安排与城镇御灾防卫、祭祀旌表职能相关的建筑物、构筑物乃至水体、绿化是使传统城镇风景面貌具有独特性的重要原因。

1．城镇御灾防卫职能空间的风景

城池是军事防御与防洪工程的统一体；传统城镇的城池水系是集交通、水源、防洪、防火等多功能为一体的。这意味着城墙与城镇水系共同构成了中国古代城镇的防御、防灾体系❷。

（1）城池的风景

传统城镇的城池安全问题历来是古代城镇建设的核心问题之一。城池作为一种防御性设施，最初的防御功能是将人类聚居的环境与自然环境隔离开来，以防止自然灾害和野兽袭击。但随着古代城镇间攻伐的增加，城池的军事防御性变得极为重要。《吴越春秋》中云："筑城以卫君，造廓以守民，此城郭之始也"。筑城之时，一方面通过依托山水形胜，墉山堑江，构筑大地理尺度的山川防御体系；另一方面城池的修筑尽量利用山势的陡峭和江河的宽广来加强军事防御性。例如，襄阳古城的城池修筑就因借了汉江为天然屏障，仅在城东南西三面开凿人工的护城河。根据清光绪《襄阳府志·城池》中记载："城周一十二里，……北临汉水。有楼堞四千二百一十，窝铺七十有四，炮台二十有九。池北以汉水为之，凡四百丈。东西南鉴濠，凡二千一百一十二丈"。

❶ 王树声. 黄河晋陕沿岸历史城市人居环境营造研究[D]. 西安建筑科技大学，2006：38.

❷ 万谦. 江陵城池与荆州城市御灾防卫体系研究[M]. 北京：中国建筑工业出版社，2010：9.

又如荆州府石首市的城墙，在明弘治年间初筑之时为土城，后被大水冲毁。重修之后城墙北扩，北城楼临江而建，最终形成西依楚望山、綉林山、八仙山，北临大江城郭的格局。《古今图书集成·职方典·荆州府·城池》中记载："邑旧无城，明弘治间知县何治始筑土为垣。嘉靖七年水涨墙圮。……复修后易以砖……遂以就北城为谯楼，……更立北城楼临大江"。

城墙的防御性还体现在城楼的登高临观作用上。城门之上建楼以便登楼眺望，以御敌观水，正如《诗经·大雅》中解释"望气祲、察灾祥、时游观"[1]。受中国传统文化的山岳崇拜筑台远眺习俗的影响，虽然城楼初建之始是发挥登高防灾御敌作用的，但因城墙修筑之时非临水既依山，所以登楼赏风景渐渐成为城楼的又一作用。东汉的王粲在登上麦城城楼时就曾写下著名的《登楼赋》借景抒情，以抒发在动荡年代抑郁不得志的心情。有些城池的城楼还因观景的功能性超过其防御性，而逐渐与城墙系统建设脱离开来。例如，岳州府著名的岳阳楼原本是府城西门城楼，西侧紧临洞庭湖，发挥训练水军、瞭敌观水的作用。但由于洞庭湖水的频繁泛滥，大水入城致使岳阳楼仅在明代就被洪水冲毁过4次[2]。此后岳州府城墙不断重修，向东缩进，至清嘉庆年间岳阳楼已经与城墙相互分离，成为独立于城墙系统之外的主要用于观景的建筑，见图3-1。

[1] 周维权. 中国古典园林史[M]. 北京：清华大学出版社，2007: 27.

[2] 傅娟. 近代岳阳城市转型和空间转型研究[M]. 北京：中国建筑工业出版社，2010: 44.

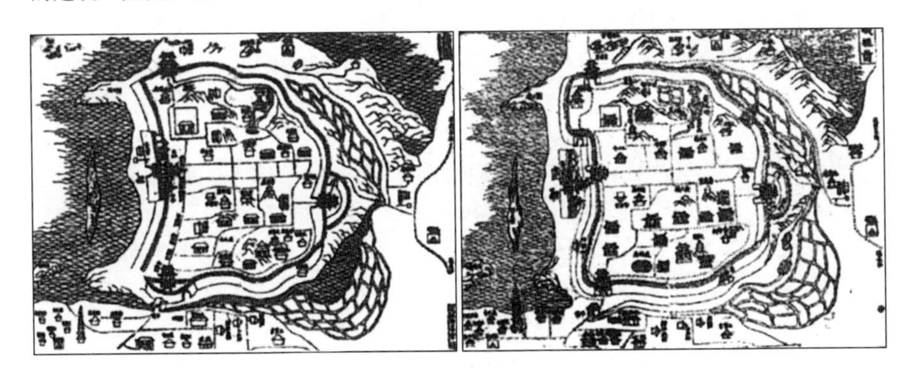

图3-1 岳阳城郭变迁图（资料来源：《近代岳阳城市转型和空间转型研究》[3]）

(2) 堤防的风景

湖广地区水网密布、湖泊众多，拥有洞庭湖水系、鄱阳湖水系、汉江水系等，长江从境内穿过，水资源极为丰富。水系的动荡和定期泛滥使湖广地区十分重视对洪水袭城的防御。虽然古代城镇的城池系统具有防灾功能，城墙起到挡水堤坝的作用，城濠起到了蓄水和泄水渠道的作用，但它们是保证城镇安全的最后一

[3] 傅娟. 近代岳阳城市转型和空间转型研究[M]. 北京：中国建筑工业出版社，2010: 45.

道防线。因此，为了确保城镇的安全，湖广地区城镇通过修筑大堤以抵御长江及其众多支流水系的洪水侵袭。《麈史》中记载道："竟陵、荆渚间缭汉江堤以障泛水"。湖广地区的襄阳和荆州两个府城周边通过历代不断的努力修筑了城外堤防系统，以抵御汉江和荆江的洪水。襄阳府城自汉代至六朝、唐、宋、元、明、清逐渐完善了堤防系统，使檀溪和汉水隔离开来，称为老龙堤。清光绪《襄阳府志》中记载道"汉南数郡常患江水为灾，每至署雨漂流，则邑居危。垫筑土环郡，大为之防，绕城堤四十三里"（图3-2）。唐代诗人元稹写道"襄阳大堤绕，我向堤前住"，就是描述了老龙堤与襄阳府城的关系。荆州府城则从东晋开始修筑金堤、寸金堤、沙市堤、万城堤等形成了大堤围城的大堤体系，宋代诗人袁说友在诗中写道"千里堤岸园沙市"（图3-3）。可见，大堤作为城镇的防洪设施与城池建设是不可分离的。

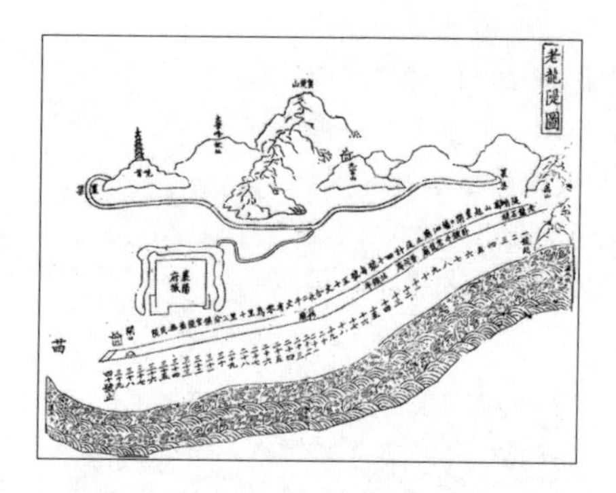

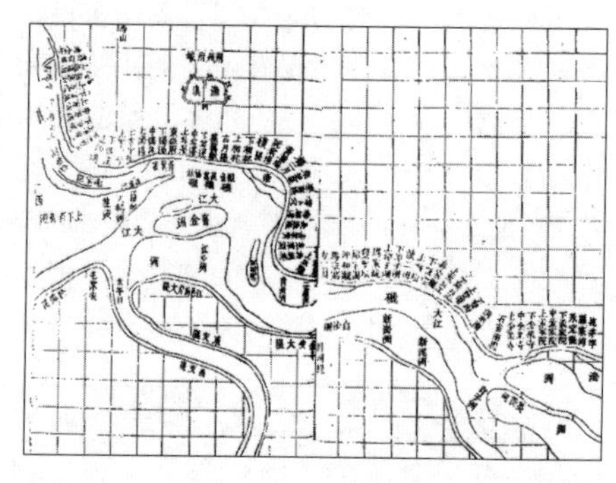

图3-2　襄阳老龙堤图（资料来源：清光绪《襄阳府志》❶）

图3-3　荆州万城堤图（资料来源：清光绪《荆州府志》❷）

大堤作为城镇防洪设施并不是湖广地区特有的，但在湖广地区的丘林地貌下，城外的大堤因位于河谷地带，地势低平，树木稀疏，视线开阔而逐渐成为这一地区独特的风景。陆游在《大堤》中描写了襄阳和荆州一带大堤的风景，诗云："日晚大堤行，莽然千里平。天低垂旷野，风壮憾高城。列肆居茶估，连营宿戍兵"。襄沔一带的大堤不仅视野辽阔，而且还有一派市井生活气息。将大堤作为春季踏青赏景之处也在襄沔一带最为著名。在南朝乐府诗中曾有大量的描述，孟浩然在诗中写道"大堤行乐处，车马相驰突。岁岁春草生，踏青二三月"。大堤本身也因其连山接水独特的区位形成良好的风景环境，而作为古人的欣赏对象。熊廷弼在《长堤记》中写道："予尝观嘉鱼老堤，自马鞍山至簰洲艾家墩，蜿蜒百里，古木苍苍，云连雾列，盖居然江上一长城也"。

湖广地区多数城镇不仅外接大江，城镇内部也湖泊众多。因

❶（清）恩联修．王万芳撰．（光绪）襄阳府志[M]．台湾：成文出版社，1976：82.

❷（清）倪文蔚等修．顾嘉蘅等撰．（光绪）荆州府志[M]．台湾：成文出版社，2001：14.

此，城镇内部也需要通过对水系梳理，开塘、筑堤，加强城镇内部水体的调蓄功能，减少城镇内涝灾害。在城市水利兴修时利用堤、垸等拦水设施改造原有河湖水系，蓄水形成湖、陂等集中水面，不仅为城镇提供了水源，也为城镇风景环境的形成提供了基础。《诗经·陈风·泽陂》中云："彼泽之陂，有蒲有荷"。而历史上豫章城通过筑堤形成了城镇内著名的风景区。豫章城更是拥有"三湖九津"美誉的水都，城镇内拥有包括北湖、东湖、西湖三湖在内的东湖水系以及密布的河网水道❶。城镇水系与章江、鄱阳湖相通，但因章江的定期泛滥使得城内水系也随之而泛滥，洪水淹城成为威胁南昌城安全的因素之一。在明万历的《新修南昌府志》中记载："按江湖水利所关，郡城水注东西湖，近湖之四周日削，每夏涝不免淹，溺之虞长江深潭"。于是南昌城曾多次开塘、筑堤，调蓄东湖水系。同治《南昌府志》中记载到"汉永平中太守张躬始筑堤，……唐元和三年刺史韦丹开南塘斗门以节江水，筑堤长二十里。……宋嘉定中通判丰有俊筑堤植柳，号万柳堤"。明万历年间为治理南昌的东湖，曾用大块青石和砖砌筑湖岸，周长约五百丈，并建高桥跨于湖上，环湖植以柳树、樟树和桂花。明代有诗云"东湖行一曲，十里烟柳齐"。钱陈伟在《燕集》中描写了东湖的自然风景，"雨过湖光净，微波淡水痕。风轻凉透葛，树密暗藏村。野岸清烟断，渔刽白水翻。濯缨同二老，高唱坐云根"。南昌府著名的风景游赏地百花洲也因东湖疏浚而形成。可见，城镇内部的堤防也同样是形成城镇风景的要素。

2. 城镇祭祀旌表空间的风景

传统城镇的建设是根植于礼制与宗教传统的社会结构之上的。因此，在城镇内外有众多坛庙和坊表发挥教化和旌表功能。根据清康熙《湖广武昌府志校注·艺文》中记载："先王之制，凡有功德于民者，载在《祀典》。故郡邑有坛，乃为民立，用昭生成之报"。例如，据清同治年间编撰的《咸宁县志》中对咸宁县坛庙进行了详细的记载，共有社稷坛、先农坛、邑厉坛、乡社坛、文昌阁、关帝庙、城隍庙、奎星楼、洞庭庙、张王庙、玉皇庙、笔锋塔等二十余座。至于分散在城内和城郊的寺庙如东岳庙、玉皇庙、关圣庙等历史上有记载的坛庙更是多达六十余座。而根据《咸宁市地名志》中记载清嘉庆元年在城周建有关王庙、东岳观、东皋亭、相山书台、马王庙、永安楼等。城内有坛庙、宫祠24座，亭5座，坊表15座。如果按照《咸宁县志》中记载当年咸宁城的规模，只有城周四里，编户十六里，却拥有如此大规模的礼制、宗教建筑群，说明传统

❶ 日本藏中国罕见地方志丛刊.（万历）新修南昌府县志[M]. 北京：书目文献出版社，1990：48.

城镇的礼制宗教职能空间在城镇空间构成中起到了重要作用。

虽然传统城镇中的坛庙、坊表数量众多、类型各异，但是归结来看，大致可分为三大类：一是与中国传统的农业文明信仰有关，二是与准宗教信仰有关，三是与宗教教化有关。

（1）农业文明的信仰

农业是中国传统社会的立国之本。《汉书·地理志》云："楚有江汉川泽山林之饶。……民食鱼稻，以渔猎山伐为业"。从秦汉以来，荆楚地区的农业耕作方式便是"火耕水耨"，利用湖广地区丘林湖泊密布的自然环境特点，通过山地耕种、垦殖水田的方式大力发展农业。从魏晋南北朝开始，湖广地区的农业开垦地数量得到了大规模提升。《宋史·朱震传》中记载："荆襄之间，沿汉上下，膏腴之田七百里"。明清时期更是加速了农业开垦的数量，据《万历会典》中记载湖广开垦稻田数量达到二百二十万零二千一百七十五顷[1]。大规模的农业开垦使得湖广地区的自然山水环境发生了改变，仅洞庭湖就因堤垸修筑致使水道淤积以及填湖造田而导致湖面快速萎缩，致使水患频发（图3-4）。因此，古人意识到土地是城镇生活的祸福所依。

[1] 宁可主编. 张正明，刘玉堂撰. 中华文化通典·地域文化典：荆楚志[M]. 上海：上海人民出版社，1998：76.

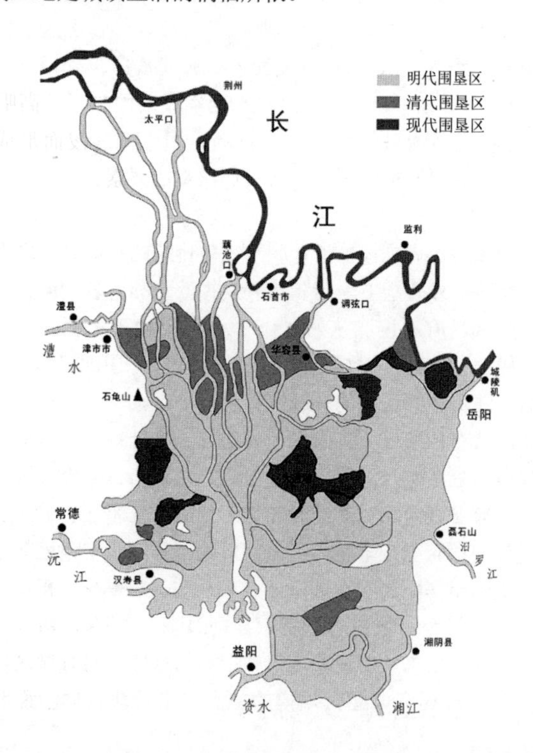

图3-4 洞庭湖水面历代缩小示意
（资料来源：根据www.baidu.com改绘）

《礼记·郊特性》中云："地载万物，天垂象。取财于地，取法于天，是以尊天而亲地"。古人的城镇生活几乎完全依附于农业生产，因而孕育了广泛的自然崇拜传统。由于传统的农业生产一方面依附于自然环境，一方面又改变了自然环境，因此古人为了求得风调雨顺、五谷丰登而在城镇内外建设了众多的社稷坛、山川坛、风雨坛等，将土地、山川、风云雷电等神化并加以崇拜。正如清康熙《湖广武昌府志校注·艺文》在《重修社稷山川坛记》中写道："人非土不立，非谷不生。……曰雷雨，曰山川，曰城隍，皆民物之资，备三极之道"。坛庙的建设根据传统风水的阴阳观念，以城镇所在地区的自然山水环境的特质为依据来决定其建设地点，而并不完全根据传统礼制要求，建设于城镇的特定方位。例如武昌府祭祀土地和自然诸神的坛庙主要有社稷坛，风云、雷雨、山川坛和城隍庙等，除城隍庙设于城内，其余各坛庙均设于城外，见表3-1。坛庙的建设按照《周礼》和唐朝以来形成的祭祀礼仪来设，以达到"城减水火外，其或捍患、御灾有功德于民"的目的。朱熹在《鄂州改建社稷坛记》中写道："某月，坛成。东社、西稷居前，东风伯、西雨雷师居后少却。……坛四门，……缭以重垣，甃以坚甓，而植以三代之所宜木。……呜呼，人心之不正，风俗之不厚，年谷之不登，民生之不遂，其亦以此与?"可见，坛庙的建设对于古人来说不仅具有自然崇拜的意义，还关乎教化的功能。

武昌府主要坛庙及其方位一览表　表3-1

名称	方位										
	武昌府	江夏县	武昌县	咸宁县	嘉鱼县	蒲圻县	崇阳县	通城县	兴国州	大冶县	通山县
社稷坛	城北五里	与府共一	县西	县西	县西	县西	县西	县西北	州西	县西北	县西南
风云雷雨山川坛	东南五里中和门外	与府共一	县南	县南	县东	县西	县东	县南	州西	县南	县南
城隍庙	府前黄鹄山下	县治西	县治西	县治北	县治东南	县治被	县治西	县治西南	州治东	县治东	县治东

资料来源：根据《清康熙湖广武昌府志校注》整理。

（2）准宗教信仰

湖广地区自古以来就盛行多神崇拜、鬼神崇拜。《楚辞·九歌》中写道："昔楚南郢之邑，沅湘之间，其俗信鬼而好祀"。由于巫术的盛行，使得淫祠在湖广地区数量十分巨大。《隋书·地理志》中云："大抵荆州率敬鬼，尤重淫祠之事"。巫术惑众，给湖广地区居民生活带来了许多不良风俗。于是历史上曾出现朝廷大规模捣毁淫祠，以止巫风的举措。例如清康熙《湖广湖广武昌府志校注·坛祠》中写道："狄仁杰巡抚江南，毁淫祠一千七百房，……淫祀所以召乱，巫风讹言之妖作，而烧香炤水之祸兴"。神祠在湖广地区的建设也非常广泛，且数量巨大。在湖广地区传统城镇普遍建设的邑厉坛和乡厉坛就是城镇中专门用来祭鬼神的。有些神祠是将神化了的地方官进行供奉，例如江夏县的张王庙是祭祀唐代的张巡，江汉神庙是祭祀宋代的通判刘靖建。有些是将湖广地区重要的历史人物神化后供奉，比如三义庙是祭祀刘关张三人的，鲁子敬祠和周子祠是分别祭祀鲁肃和周瑜的。可见，神祠在城镇中起到了旌表的作用。有些神祠对历史人物的旌表作用被进一步发展为镇守城镇，保证城镇安全。例如荆州城的禹王庙本是为纪念大禹治水而修，但建于荆州大堤之上，起镇水、观水的作用；而兴国州的富池庙本是祭祀吴将军甘宁的祠，建于兴国洲的水口富池口，也起到"捍寇贼，护城邑，兴云雨，泽生灵"[1]的作用。

（3）宗教教化

自魏晋南北朝开始，随着佛教传入中国和道教的勃兴，以儒、释、道三教统一的宗教体系逐步形成[2]。在传统城镇中建设寺观、文庙和儒学是为满足城镇精神生活、宣扬宗教思想、维护封建统治的需求。儒教与佛教、道教宣扬出世、无为不同，它吸收了佛、道思想，以"三纲五常"为中心，更讲求宗教的社会化意义。张文光在《重新文庙记》中写道："尝观文翁兴学校，……鲁侯作泮宫，颂其美德。……是以有民社寄者，莫不隆儒教为先务。而欲化民成俗，兴士向学。……今天下郡邑各有学，学各有文庙，以妥先圣、先贤之神"[3]。因此，相比较于佛教和道教，儒教是传统城镇职能不可缺少的一个环节。古人认为"教化者，风俗之机，学校者，教化之源，兹郡守之先务"[4]。在传统城镇中通过修建儒学以来传播儒家思想，建设文庙来宣扬儒家思想。与佛寺、道观常选址于自然风景优美的高山大川一样，儒学、文庙也讲求其建设位置的选择。陈凤梧在《移建江夏儒学记》中解释道：

[1] 武汉地方志编纂委员会办公室. 清康熙湖广武昌府志校注·下册[M]. 武汉：武汉出版社，2011：872.

[2] 刘梦溪主编. 吴碧虎，刘筱娟撰. 中华文化通志·文艺典：景观志[M]. 上海：上海人民出版社，1998：371.

[3] 武汉地方志编纂委员会办公室. 清康熙湖广武昌府志校注·下册[M]. 武汉：武汉出版社，2011：927.

[4] 武汉地方志编纂委员会办公室. 清康熙湖广武昌府志校注·下册[M]. 武汉：武汉出版社，2011：871.

“学也者，上以崇圣贤，下以育才俊。是地，奚其宜哉?”[1]于是江夏县的儒学由原来的黄鹄山北市井嘈杂处迁至城西凤凰山下“高明爽垲”之地。大冶县的儒学则选在“桃花山之地若干亩、三港畈、株林塘、盛家港、程家窝等处田园”。兴国州的儒学更是通过改建其原来与古刹共一门的格局来“明制度、示观瞻”。兴国州儒学通过新建儒学门和门堤，实现了“面揖三峰，下瞰平湖。植柳莳莲，左右映带”的风景格局。

综上所述，就传统城镇祭祀旌表空间的功能而言，它需要传达出明显的象征意义。坛庙、学观、坊表除了按照中国建筑的传统形制建设来表达象征意义之外，还需要通过自然环境的烘托才能将祭祀旌表空间所需要的庄严、肃穆的环境意义传递出去。因此，传统城镇的祭祀旌表空间在城镇自然山水环境选址时，或利用山水的幽邃，或利用其辽阔，形成旷观和幽观，以达到弘扬宗教精神的意义。王铎在《中国古代苑园与文化》中解释道“选址于山巅。绝顶凌空，地势险要，视野开阔，有超凡脱俗的感觉。……选址山坳。山林深寂，环境幽邃，殿堂布置尽曲折层叠之巧。……选址山脚。背倚青山，碧溪清流，群峰拱揖，以显神居领地”[2]。孟兆祯院士详细地阐释了这种风景环境意义生成的方式，即寺庙、书院、别馆等与自然山水的谷、壑、坞、洞、峡、涧、岩、岫等幽观地形性格相近；而阁、塔、亭等与峰、坡、台、顶等旷观地形性格接近[3]。将礼制宗教建筑根据其所需的环境空间性格与不同形态的自然山水环境结合，形成山水组合单元，从而创造出风景。李有朋在《重修三贤祠记》中的文字证实了这一观点，记中云：“簷阿翼翼，俯‘退谷’之清波，笼‘书台’之树色，排‘坡亭’之云气。……追江风、山月之标度，则思其经济玉堂、沛泽诸郡之嘉猷”[4]。

从传统城镇的城图中更可以清晰地看出传统城镇职能空间对构成城镇风景空间所起到的意义。例如，清代乾隆年间绘制的石首城垣图（图3-5）中并没有绘制大量的居民居住的地段，而是将城池、重要庙宇、祭坛、牌坊等都绘制出来。在石首市城垣图中，这些建筑物和构筑物被安排在城镇内外依山傍水的地方。关圣庙位于山坳中，环境幽邃；李卫公祠、禹王庙等位于山巅；而祖师宫则位于荆江中的沙洲之上。因此，虽然石首十景（见附录）中并没有像湖广地区其他城镇那样将古寺、晚钟、雉堞等作为城镇典型风景来歌颂，但从城镇风景空间构成的角度来看，它们对构成石首市的整体风景面貌起到了重要的作用。有鉴于此，传统城镇的职能空间构成了传统城镇风景的空间骨架。

[1] 武汉地方志编纂委员会办公室．清康熙湖广武昌府志校注·下册[M]．武汉：武汉出版社，2011：912.

[2] 王铎．中国古代苑园与文化[M]．武汉：湖北教育出版社，2002：329.

[3] 孟兆祯．园衍[M]．北京：中国建筑工业出版社，2012：87.

[4]（清）陈怡等修．（清）钱光奎纂．光绪续辑咸宁县志：中国地方志集成湖北府县志专辑[M]．江苏：江苏古籍出版社，2001：896.

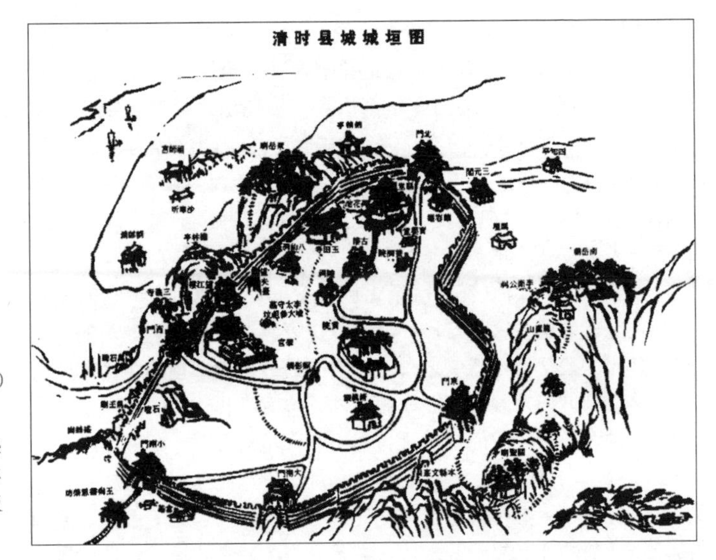

图 3-5 石首县城垣图
(资料来源:《石首县志》❶)

❶ 石首市地方志编撰委员会编. 石首县志[M]. 北京：红旗出版社，1990：54.

武昌府主要祠庙一览表 表3-2

城镇名	坛庙	神祠、宗祠	佛寺	道观	儒学、文庙
江夏县	社稷坛，风云、雷雨、山川坛，邑厉坛，乡厉坛，城隍庙，旗纛庙，宋大宪庙	三义庙，张王庙，岳王庙，茨庙，陶侃庙，江东庙，广惠庙，江汉神庙，晏公庙，孝感祠，鲁了敬祠，周公瑾祠，周子祠，双孝祠，西贤祠，忠义祠，表忠祠，冯大宪祠，三忠祠，贺公祠，忠节祠	长春寺，铁佛寺、龙华寺，宁湖寺、头陀寺，洪山寺、鹦鹉寺，正觉寺、修静寺，小塔寺、灵山寺，东岩寺、鹿泉寺，灵泉寺、现华寺，黄龙山如意寺、金鸡寺，慈云寺、兴唐寺，清净寺、万寿寺	东岳泰山庙，武当宫，延福宫，长春观，铁祖师观，真武观，清真观，白鹤观，玉虚观、玉皇阁	文昌祠，儒学，芹南书院，濂溪书院，江汉书院，东山书院，清风书院
武昌县	社稷坛，风云、雷雨、山川坛，邑厉坛，乡厉坛，城隍庙	吴大帝庙，马步庙，龙王庙，关公庙，张睢阳庙，苏文忠祠，赵忠显祠，三贤祠，陈文忠祠，忠节祠，东皋祠，汪公祠	华山寺，西山寺，寒溪寺，华容寺，无相寺，宁国寺	东岳庙，灵溪观，泗洲院，龙泉院，报恩园，永寿院，灵山院，黄田院	儒学，东皋书院，凤台书院

续表

城镇名	坛庙	神祠、宗祠	佛寺	道观	儒学、文庙
咸宁县	社稷坛，风云、雷雨、山川坛，邑厉坛，乡厉坛，城隍庙	关圣庙，玉皇庙，吴王庙，张中丞庙，冯文简公祠	资福寺，西河寺，九隆寺，禅台寺，白沙寺，海龙寺，潜山寺，多宝寺	东岳庙，青龙寺，崇云寺，白水寺，金鸡寺	文昌祠，儒学，相山书院，三元书院，淦川社学，咸嘉社学
嘉鱼县	社稷坛，风云、雷雨、山川坛，邑厉坛，乡厉坛，城隍庙	张王庙，吴王庙，梅山龙王庙，六溪口龙王庙，西岳行祠，三忠祠，岳公祠	法华寺，静宝寺，熟湖寺，夏田寺，太平寺，万寿寺	东岳庙，紫霞观，会真观，真武观	文昌祠，儒学
蒲圻县	社稷坛，风云、雷雨、山川坛，邑厉坛，乡厉坛，城隍庙	吴王庙，龙王庙，关帝祠，颜忠烈祠，张忠烈祠，宣公祠	延寿寺，白龙寺，凤凰寺，上方寺，青龙寺，慧林寺，雪峰寺，延寿寺	东岳庙，金台观，五岳观，金狮观，崇仙观，仙云观，大士阁，观山道院	文昌祠，儒学，凤山书院，新溪书院，大宗书院
崇阳县	社稷坛，风云、雷雨、山川坛，邑厉坛，乡厉坛，城隍庙	关将军庙，吴王庙，伏波庙，太尉庙，张中丞庙，廖将军庙，乖崖祠，忠显祠，王侯祠，群贤祠	观音寺，西禅寺，净刹寺，金界寺，昌国寺，寿宁寺，寿安寺，栖真寺，石枧寺，金莲寺	东岳庙，文昌观，广德观，妙峰庵	儒学，射圃，折桂亭
通城县	社稷坛，风云、雷雨、山川坛，邑厉坛，乡厉坛，城隍庙	关帝庙，廖将军庙	隆平寺，锡山寺，金轮寺，凤山寺，白云寺，石壁寺，成化寺	东岳庙，东岳观，南华观	文昌祠，儒学，青阳书院
兴国州	社稷坛，风云、雷雨、山川坛，邑厉坛，乡厉坛，城隍庙	关王庙，高山庙，陆宣公庙，岳王庙，张王庙，惠泽龙王庙，昭勇祠，叠山祠，三贤祠	福圣寺，银山寺，罗汉寺，永寿寺，长兴寺，双泉寺，石池寺，北台寺	东岳庙，通真观、灵仙观	文昌祠，儒学

续表

城镇名	坛庙	神祠、宗祠	佛寺	道观	儒学、文庙
大冶县	社稷坛，风云、雷雨、山川坛，邑厉坛，乡厉坛，城隍庙	岳王庙，龙王庙，荆王庙，关帝祠，张王祠，万止斋祠，吕公祠	普济寺，龙窟弘化寺，流洪寺，灵鹫寺，太平寺，吉祥寺，广法寺，凤凰寺，七门寺	东岳庙，华藏寺兴道观，元贞观，崇虚观，报恩观，迎仙观	文昌祠，儒学，社学
通山县	社稷坛，风云、雷雨、山川坛，邑厉坛，乡厉坛，城隍庙	关王庙，三闾大夫祠，谢公祠，马伏波祠	多宝寺，灵泉寺，翠屏寺，雨霖寺，安平寺，永济寺	钦天瑞庆宫，洞渊观	儒学，社学
大冶县	社稷坛，风云、雷雨、山川坛，邑厉坛，乡厉坛，城隍庙	岳王庙，龙王庙，荆王庙，关帝祠，张王祠，万止斋祠，吕公祠	普济寺，龙窟弘化寺，流洪寺，灵鹫寺，太平寺，吉祥寺，广法寺，凤凰寺，七门寺	东岳庙，华藏寺兴道观，元贞观，崇虚观，报恩观，迎仙观	文昌祠，儒学，社学

资料来源：根据《清康熙湖广武昌府志校注》相关资料整理。

3.2.2 传统城镇休闲空间的风景

培根曾在《论造园》中总结过人类在满足城镇基本生活功能和追求精神生活时的层次关系，他说："文明人类先建美宅，营园较迟"❶。可见，人们创造满足休闲生活的风景环境是建立在满足使用功能的城镇生活空间之上的。清同治年间《咸宁县志，古迹卷》中的相关文字记载也体现了这一观点。志书中记载咸宁的"蘋花溪八景"为"东高晚望、西河暮兴、石岭樵歌、梓潭渔唱、相岭晴岚、温泉虹彩、潜崖丹龟和古道苍松"，同时志书中进一步点评道"所援之景皆县城之境，不知蘋花溪在丹崖山之下也"。可见，虽然从景名上看，"蘋花溪八景"是描写咸宁城周边的自然风景，但其实质则体现了传统城镇风景空间与城镇生活空间具有广泛的关联性。然而，受中国传统城镇规划的限制，传统城镇建设并不着重于对公共休闲生活空间的塑造，城镇中只有少量的公共园林和衙署园林发挥相应的作用❷，这使得城镇内园林对满足城镇公共休闲生活所发挥的作用并不突出。因此，虽然风景是园林的一

❶ 童寯. 造园史纲[M]. 北京：中国建筑工业出版社，1983：1.

❷ 谷云黎. 南宁古城园林与城池建设的关系[J]. 中国园林，2012,（4）：85-87.

个重要组成部分，但是传统城镇的风景空间并不全部存在于园林之中❶。因此，传统城镇风景更多地与城镇公共休闲生活空间相关联。

1．传统城镇公共休闲生活方式的发展与特征

中国传统城镇休闲生活方式的主体可分为城镇的中上层人群，包括王室、贵族、官吏、地主、士大夫、商人等和城镇中一般人群，包括农民和手工业者等。这两类人群在城镇空间中的主体地位不同，使得他们在城镇中休闲生活方式不尽相同。从商代到春秋战国时期，由于商业、手工业活动在城镇中增多，促使中国传统城镇快速发展，城镇数量增多，由商代的约26座发展为春秋时期的100座❷。战国时期的楚国，形成了一些较大的都邑，如郢、鄢、宛、寿春、吴等。这些都邑的商业比较繁华，如《史记·货殖列传》中描述了楚国都城郢的繁荣景象是“车毂击，民肩磨，市路相排突”。但并没有进一步的文字记载描述城镇一般人群如何利用都邑商业开展城镇公共休闲生活。相反，都邑的休闲生活与城镇统治者的宫苑休闲享乐有关，他们召集门客、饮酒作乐、开展娱乐活动。筑高台、建苑囿是那个时期城镇统治者们主要的休闲生活方式，章华台便是楚国境内最大的一处苑囿。章华台筑在云梦泽北侧，离楚都约55公里，《国语·吴语》中写道：“昔楚灵王……乃筑台于章华之上，阙为石郭，破汉象帝舜”❸。章华台的园景是引汉江水开池、堆土成台，工程浩大“举国营之数年乃成”。因此，虽然商业促进了早期传统城镇的繁荣和发展，但是此时的城镇休闲生活方式与商业并无太多关联，更多地与自然山水风景游赏有关，城镇公共休闲空间还未能从农业型城镇的混合功能中分化出来。

随着中国封建社会进入鼎盛时期，城镇的农业、商业、手工业都得到了长足的发展，城镇休闲生活方式也因此而发生改变，城镇的公共休闲生活空间从城镇生活空间中分化出来。从魏晋南北朝以来，城镇统治者的自然山水风景游赏活动进一步加强，一方面城镇内外大量造园，以满足个体避世寄情的休闲生活需求；另一方面城镇休闲生活方式更加世俗化，城镇一般人群也大量参与其中。

首先，城镇内外的著名寺观因定期举行宗教活动而逐渐成为民众开展公共休闲活动的场所。根据张伟然对湖广地区城镇可考寺庙的统计，晋代共有著名佛教寺庙18座、隋代35座、唐代68座，以荆州、襄阳和鄂州（含武昌）三个城镇拥有寺庙的数量为多❹。进山朝香习俗后来发展成为明代以后湖广地区民众的一种

❶ 史震宇．“风景”浅析[J]．中国园林，1988，(02)：23-27.

❷ 王雅林，董鸿扬．构筑生活美：中外城市生活方式比较[M]．南京：东南大学出版社，2003：20.

❸ 周维权．中国古典园林史[M]．北京：清华大学出版社，2007：39.

❹ 张伟然．湖北历史文化地理研究[M]．武汉：湖北教育出版社，2000：36.

公共休闲方式，甚至扩大到湖广周边地区。比如，民国年间《获嘉县志》曾描述道："乡间善男信女，终年局处乡间，坐守深闺，几不知乡村之外更有何物。迨至中年以后，儿女成立，米盐琐计不甚关心，乃邀集伴侣，醵全结社，朝山烧香，以为娱乐。或朝南顶如武当山，或朝北顶如太行山，或朝石门口，或朝百家岩，……"[1]。寺庙内不仅开展宗教活动，为教化民众推广宗教思想常在特定的日子允许民俗活动进入寺庙，寺庙中设市开庙会，提供商业服务和文娱表演。例如，根据《襄阳志》中记载："楚俗三月游南山诸寺，移市于山寿寺，四月八日罢游，谓之辞山"[2]。明清时期，庙会发展成为传统城镇的重要民俗活动，寺庙也是传统城镇公共休闲空间之一。

其次，从宋代之后由于商业、手工业的进一步繁荣，传统城镇的生活消费场所从城镇交通空间中分化出来。湖广地区由于河流密布、湖泊众多，城镇的水系和街道一样能够为城镇的生活消费场所提供客流和货流便利，因而使得茶肆、酒楼、戏楼等不仅集中在城镇交通便利的主要街道，还常分布于水路交通便利的水系周边。和街道、寺庙的高度混杂性不同，城镇内水系因其空间开阔成为城镇内开展公共休闲活动的重要场所。水系周边除了提供餐饮服务之外，还同时提供歌舞、弹唱、杂耍等娱乐活动以助人酒兴，成为传统城镇内又一类公共休闲空间。例如，清代的汉口城商业繁华，民俗生活丰富多彩。由于城内街道狭窄拥挤，城镇公共休闲活动难以充分施展。而后湖地区因靠近汉口城区又兼具湖光山色成为夏季市民纳凉的场所。民间艺人聚集于此，卖艺营生。武汉竹枝词中曾描述过汉口后湖热闹的公共休闲场景"平芜芳草碧如烟，一阵湖风送管弦"，"河岸宽平好戏场，子台齐搭草台旁"[3]（图3-6）。

2. 传统城镇公共休闲生活空间的风景

由以上对传统城镇公共休闲生活方式的梳理可以看出，传统城镇公共休闲生活不论开展于寺庙、街道还是水系周边，都与古人的休闲、游赏需求有直接关联。各种不同类型的休闲场所可以依附于城镇中的山水环境形成风景空间。比如，南昌府城内著名的风景名胜东湖，其兴盛始于东湖疏浚在湖中形成的三座小岛，称为"三洲"。因隐士苏云卿曾在此隐居而改称"苏翁圃"，清代又在三洲上堆山，建冠鳌亭、游廊、"水木清华"馆等，形成了豫章城著名的园林胜地"百花洲"。百花洲畔的市井生活也极为繁华，酒馆、茶楼、寺庙分布在东湖沿岸。余腾蛟在《百花洲诗》

[1] （清）陈怡等修.（清）钱光奎纂. 光绪续辑咸宁县志：中国地方志集成湖北府县志专辑[M]. 江苏：江苏古籍出版社，2001：311.

[2] 张伟然. 湖北历史文化地理研究[M]. 武汉：湖北教育出版社，2000：98.

[3] 刘剀著. 晚晴汉口城市发展与空间形态研究[M]. 北京：中国建筑工业出版社，2012：140.

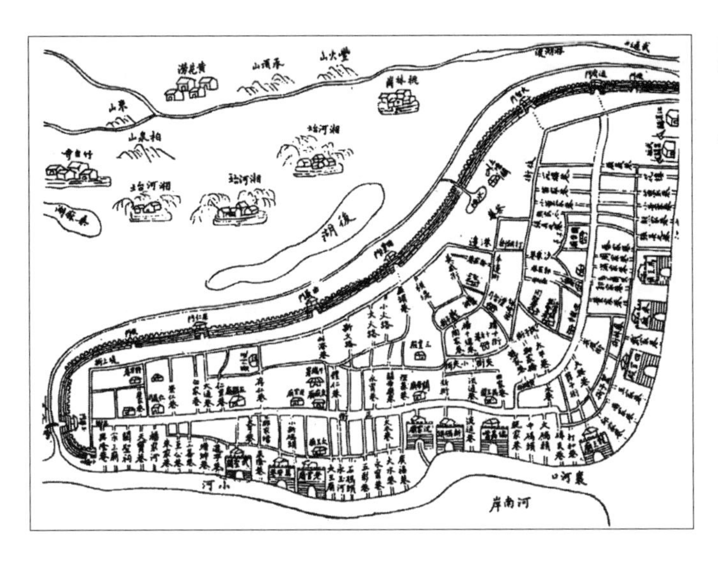

图 3-6 汉口城与后湖（资料来源：《武汉历史地图集》❶）

❶《武汉历史地图集》编纂委员会. 武汉历史地图集[M]. 北京：中国地图出版社，1998：18.

中曾描写过当时的景象，“十里湖光绕画廊，百花深处到沧浪。城边芦苇隔寒浦，柳外楼台挂夕阳。在昔春雷磨剑槊，而今秋水浴鸳鸯。酒阑坐向禅灯尽，数杼青砧落半塘”。除了市井休闲生活与湖光风景相称，根据清同治《南昌府志》的记载，东湖周边分布有大量的风景名迹，义竹林、榆溪、陈处士园、东园等以及学圃、书院、东湖书屋等，围绕在东湖周边还建有不少宅园，如皆春园、半隐园、湖山小隐，为东湖风景空间添了不少人文气息（图3-7）。进一步说，城镇内外凡自然风景优美且有利于开展公共

图 3-7 南昌百花洲图（资料来源：清同治《南昌府志》❷）

❷（清）许应鑅，（清）王之藩修.（清）曾作舟，（清）杜防纂. 同治南昌府志[M]. 南京市：江苏古籍出版社，1996.

休闲活动的场所，不论有没有园林，都可以成为传统城镇的风景空间。例如，汉口的后湖是汉口人踏青游览、文人吟诗雅集的地方。它的形成是因汉水在明代改道，水道淤塞而成。当时散居在湖滨的渔民利用冬春之际在水边种植油菜、小麦，待到春季花开之时一片黄花，甚是烂漫。至清代中期，后湖已经绿树成荫、绿草遍野了，一派郊野美景，遂形成了汉口的“后湖八景”，即晴野黄花、麦陇摇风、菊屏映月、平原积雪、断霞归马、疏柳晓烟、襄河帆影和茶社歌声。因此，可以说，传统城镇公共休闲生活空间是构成传统城镇风景空间不可缺少的风景组织环节。

3.3 传统城镇风景的感知

3.3.1 传统城镇风景的空间单元

从理论上说，传统城镇与其外围的山水环境必须形成一个整体，才符合中国古人的聚居理念。古人形成了一套自成体系的相地择居方法，将自然山水环境划分出不同的地域，以符合城镇空间建设的需要。正如《周礼·天官》中写道“惟王建国，辨正方位，体国经野，……区画疆邑”。然而，古人营城时之所以需要在自然山水环境中划分行政管辖范围，是为了“封守形势、控扼机宜”[1]，通过对地理形势的选择强化传统城镇的防御性，以减少城镇间的攻伐，保障城镇的安全。《析津志》中也解释道：“自古建邦立国，先取地理之形势，生王脉络，以成大业”[2]。因此，记载传统城镇建设各类活动的志书在方域这一章节把“形胜”列为一项重要内容。“形胜”中除了记述城镇如何利用自然山水地貌的险境以增加军事防御性之外，也明晰了自然山川、水系划分传统城镇空间单元的依据。例如，清康熙湖广府县志中将蒲圻县的形胜描述为“凤凰蹲其前，龙翔峙北。东则丰财矗胜，西则马鞍关锁”，表示蒲圻县是以凤凰、龙翔、丰财、马鞍这四座山划分出空间单元的。通城县的形胜描述道“东连暮阜、黄龙之奇，西挹洞庭、衡岳之胜”，表示通城县是以暮阜、黄龙以及南岳衡山和洞庭湖划分出空间单元的。

“形胜”不仅反映了传统城镇的空间单元，还对地域内重要山形水系的特征进行了提炼，见表3-3。自然山水被古人按照传统文化观念加以解读，并有组织地纳入城镇空间之中。《周礼·考工记》中说：“凡天下之地势，两山之间必有川焉，大川之上必有涂焉”。《五礼通考》中进一步解释道：“城、郭、渠、落以向

[1] 武汉地方志编纂委员会办公室. 清康熙湖广武昌府志校注·上册[M]. 武汉：武汉出版社，2011：71.

[2] （元）熊梦祥辑. 北京图书馆山本组编. 析津志辑佚[M]. 北京：北京古籍出版社，1983：33.

武昌府各传统城镇的形胜一览表　表3-3

城镇名称	形胜	特征山形水系	风景特征
江夏县	西有长江之险，东有九峰之隘。山川环护，风气所钟。其金城壁峭如城。吴陆涣曾屯兵旅夏汭，要扼夏首。梁侯瑱尝积糇粮夜泊山，与白杨湖、曹公城及皇军浦，均属地利，往迹攸存	山：九峰山（山环如城郭，有九峰）；金城山、夜泊山（军事要塞） 水：长江、白杨湖	以山川环卫，河湖纵贯为特点
武昌县	地襟江、沔，依阻湖、山。郎亭踞樊山之峻，逻洲扼三江之流。实为楚东之门户，昔人故称“樊楚”	山：郎亭山、樊山（有古迹） 水：长江、梁子湖等湖	以湖山风景、大江横流为特点
咸宁县	鄂渚上游，控扼险阻。铜鼓山称雄峙，宿曹湖作寨沟。唇齿辅车，实相倚赖	山：铜鼓尖山 水：宿曹湖	以湖山风景为特点
嘉鱼县	地势蜿蜒，襟山带水。龙潭、鱼岳之奇，牛首、马鞍之秀，罗立森蔚；而赤壁山耸峙西南，岳公城蟠护东北。属邑之胜，斯其选矣	山：龙潭山、鱼岳山、赤壁山（长江之滨） 水：长江	以山川环卫、大江横流为特点
蒲圻县	凤凰蹲其前，龙翔峙北。东则丰财矗胜，西则马鞍关锁。川岩萦绕，灵杰攸钟	山：凤凰山、龙翔山、丰财山、马鞍山	以山川环卫为特点
崇阳县	山有龙头、羊角，岭有乌吴、鸡鸣，燕子高翔，桃花远映，层峰叠翠，引人入胜	山：龙头山、羊头山 峰：乌吴峰、鸡鸣峰	以山川环卫为特点
通城县	背隽水，面锡山。东连幕阜、黄龙之奇，西挹洞庭、衡岳之胜。泉源四达，津要咽喉	山：幕府山、黄龙山、衡山 水：洞庭湖	以湖山风景为特点
兴国州	南北皆湖，城依山麓，江环溪绕，雄跨一方	山：蟠龙山、大银山等 水：沫湖、常湖、明湖、戎湖等	以湖山风景为特点
大冶县	水激洑流，峰高西塞，湖山表里，实为奥区	山：西塞山 水：长江、磁湖、华家湖等	以山川环卫，大江横流为特点
通山县	前列翠屏，后枕罗阜。东南扼九宫之崒嵂，西北襟散水之萦回	山：翠屏山、罗阜山、九宫山、散水岭	以山川环卫为特点

资料来源：整理自《清康熙湖广武昌府志校注》。

山，经水而审其面势，测土深以求泉，顺地防以求行水”。传统城镇中的城郭、道路、水渠都要顺应自然山水的走向，并与城镇周边形象特殊的山峰发生视觉联系。清华大学的张杰教授总结了中国古代城镇与山水环境整体性设计的方法，可以归纳为：传统城镇的统治者根据其对统治范围内主要山脉、河流、峦头的判断，依照敬天文化传统的要求，将城镇规划建设时的主要轴线与自然山水产生空间上的对位和视觉上的联系，使自然山水空间单元与城镇空间单元成为一个整体。这就给古人在城镇中欣赏自然山水风景，在造园中借景自然山水风景创造了空间组织的基础。

“形胜”概括了传统城镇空间单元自然山水的典型组合关系。虽然在古代城镇地方志的编写中“山川”这一节对该城镇所有的山水特征和景物都进行了详尽的描述，但“形胜”中对传统城镇山形水系的描述更注重描述其空间组合关系。表示关系的词汇通常是一组表述相互关系的词汇，例如“襟、带”、“背、面”、“环、绕”等。这种关系词汇的描述不仅反映了自然山水的空间位置关系，也传达出在古人的文化感知中对自然山水形态美的感知和认知。《园冶·题词》中写道古人欣赏的山水组合形态是“水得潆带之情、山领洄接之势”。古代风水思想“山环水抱”的山水模式，使古人在城镇相地择居中自然风景更具层次性。

3.3.2 传统城镇风景的环境意义

从以上对传统城镇职能空间和传统城镇休闲空间的风景分析中可以看出，传统城镇风景的生成是通过风景环境意义在这两类空间中生成实现的。而风景环境意义生成的基础是这些城镇功能空间除了具有原本的使用功能以外，还具有潜在的风景功能。正如美国学者拉普卜特指出：当考虑到“功能”具有潜在的方面时，很快就能认识到“意义”是理解环境如何起作用的中心[1]。因此，研究传统城镇风景的组织方式实质上是研究传统城镇风景环境意义的生成途径及其组织途径。

由于中国传统城镇风景环境的建设主体是士大夫、文人阶层，而风景环境意义的记述载体是古代文人对城镇风景描述的诗词和山水画，这使中国传统城镇风景具有强烈的文人气息。虽然传统文人的山水诗画中所描述的风景反映的是传统文人对风景环境意义的认知，但是正如清康熙在《湖广府县志·艺文》中所写道的“诗赋记铭，必因其地之山川；书疏碑传，必因其地之贤俊；

[1] （美）阿摩斯·拉普卜特. 建成环境的意义：非语言表达方法[M]. 黄兰谷等译. 张良皋校. 北京：中国建筑工业出版社，2003：4.

创修述载，必因其地之风俗与形胜”，因此解读传统城镇的风景游赏诗作可以探讨传统城镇风景意义的生成和组织方式。

1．风景意义的生成

联合国教科文组织世界遗产委员会在《世界遗产名录》中归纳了人文景观的特点，共有三个特征：（1）明显由人类有意识设计和建造的景观；（2）有机进化的景观，包括已经完成进化的和正在进化的景观；（3）关联性景观，以与自然因素、强烈的宗教、艺术和文化相联系为特征❶。

❶ 赵中枢．文化景观的概念和世界遗产的保护[J]．城市发展研究，1996，(01)：29-30.

传统城镇风景并不是单纯的自然景观或者文化景观，而是将山、水和人文胜迹融合在一起的人文景观。例如，分析自南朝、唐、宋、元、明、清代以来湖广地区武昌府的260余首风景诗词作，武昌府的风景点可以分为山景、水景和人文胜迹三大类。在武昌府64处风景游赏地中，以山景为主的18处，以水景为主的12处，以人文胜迹为主的34处。可见，在武昌府的风景点构成中，人文胜迹所占比重最大，其次是山景，最后是水景。然而仔细考察山景、水景和人文胜迹的风景诗作的描述后发现，对于其风景环境的描述并不全是将山、水或文人胜迹作为独立景物进行欣赏，而是通过三者间的相互映衬来实现的。例如，对大冶市著名的风景点西塞山的风景描述，明代的韦应物在诗《题西塞山》中写道“势从千里奔，直入江中断”，通过对西塞山形势的概括描写了西塞山的风景动势；薛能在诗《南湖》中写道“西塞长云静，南湖片月斜”，通过南湖水景的映衬表现出西塞山静观的一面；而顾天锡在诗《西塞山》中写道“斗舰楼船此地闻，旌旗去尽见孤云”，则是通过描述西塞山前道士洑的战争场景来体现其自然风景中“险”的一面。

此外，作为人文景观，传统城镇的风景点拥有突出的关联性景观特点，即风景点的形成与城镇的自然山水环境、历史发展、宗教、艺术、民俗等存在广泛的关联性。例如，清康熙武昌府《古迹志》中开篇写道：“鄂渚山川雄灏，胜迹多有。登高眺祢子之洲，寻幽问郊天之址，经折戟沉沙故地。江山壁垒，足发壮怀”。风景意义的感知与城镇历史掌故有着密切的关联。传统城镇风景意义的生成依赖自然山水环境和人文环境的关联，这种关联会形成多重环境语义提示，进而促进传统城镇风景的产生。

2．风景意义的组织

中国传统园林是多种艺术高度结合的产物，诗词绘画与传统园林的关系密不可分。因此，中国传统园林在组织风景时，不仅在园内挖湖堆山塑造人工自然环境，还需要辅以对联、额题、楹联等文人因素，才能形成风格独特的文化景观。计成在《园冶》中称这种风景的组织方法为借景，所谓"夫借景，林园之最要者也。……然物情所逗，目寄心期"❶。传统文人在组织园景，创造风景空间时通常有两种方式：（1）通过诗词典故、传说附会，借景抒情，借助于文化联想生成空间感；（2）通过山水画画理组织园内及园外视线可及的景物，实现园景与自然景物间的视线关联，借助于视线关联生成空间感。园林中的山水等自然因素通过与人文因素产生意义和视线上的关联实现风景空间的组织和风景意义的丰富。

❶（明）计成原著，陈植注释，杨伯超校订，陈从周校阅. 园冶注释[M]. 北京：中国建筑工业出版社，1999：247.

传统城镇中风景的组织也有相似之处。从武昌府风景点的空间分布来看（图3-8），传统城镇风景点的分布与离城远近并无直接关联，也不均布，而是在传统城镇自然山水环境中形成了风景点集中的地区。以江夏县为例，江夏县著名风景点黄鹤楼建在黄鹄矶上，涌月台、吕仙亭建在黄鹤楼旁；黄鹄矶是黄鹄山蜿蜒伸向长江的余脉，鹦鹉洲在黄鹤矶外的长江中，上有汉祢衡墓；南楼建在黄鹄山山巅上，而高观山是黄鹄山山脊的名称。而这种风景点集中的地区在武昌府其他传统城镇内也有。武昌市的风景点集中在以郎亭山、退谷、杯湖为中心的地区；大冶市的风景点集

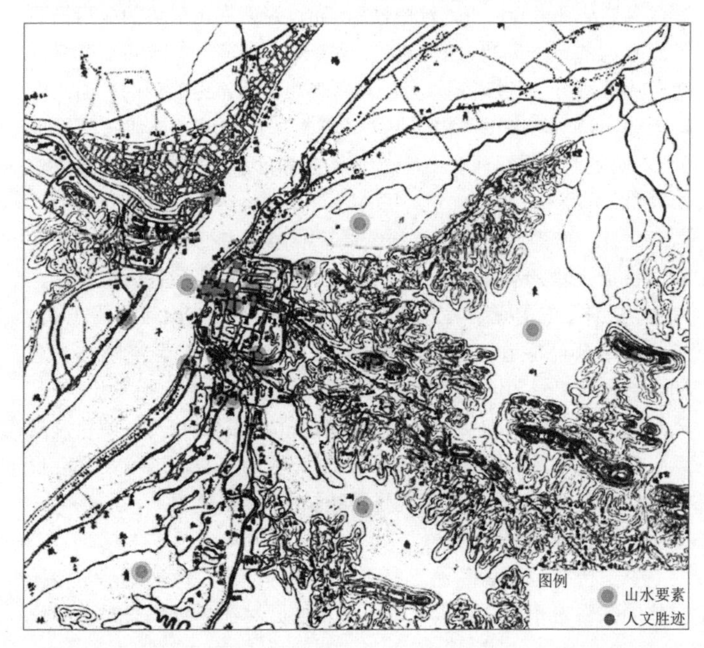

图3-8 武昌城镇风景要素分布图
（资料来源：根据1899年武汉略图改绘）

中在西塞山、道士洑、散花洲一线；蒲圻县的风景点主要依托于大沙洲；而嘉鱼县的风景点则依托于长江的赤壁段。仔细考察这些风景点集中的地区就会发现，传统城镇风景点集中的地区除了拥有山水相连的自然环境线索之外，还拥有连续的人文环境线索。例如江夏县是以黄鹤仙游传说和祢衡典故为人文环境线索的；武昌市是以五代梁朱友恭凿郎亭山开道，强攻武昌的典故为人文环境线索的；嘉鱼县则是以赤壁之战为人文环境线索的。因此，在传统城镇中不仅自然山水环境是组织城镇风景空间的基础，城镇的人文环境线索也是城镇风景空间的组织途径。

这种人文环境线索是传统城镇中人们共享的一种认知序列。美国城市设计大师培根认为这种认知序列是由人们共同的感受发展而来，形成一个组合形象，从而产生一种基本的秩序感[1]。因此，风景空间中秩序感的形成有赖于风景空间中活动的连续性与视觉的连续性。传统城镇风景点集中的地区其秩序感的生成主要通过风景点间游赏活动的连续性实现。而对于传统城镇中相对距离较远的风景点，其风景秩序感的生成则是主要通过风景点间的眺望实现。例如，南昌的豫章十景中，“西山积翠”、“章江晓渡”、“腾阁秋风”、“南浦飞云”这四个景点就构成了豫章城外、江中诸洲和西山之间连续的风景画卷。王勃在《滕王阁序》中写道：“画栋朝飞南浦云，珠帘暮卷西山雨”。明代曾棨在《章江晓渡》诗中云：“月落西山欲曙天，渡头人语古城边。钟声杳霭临江戍，帆影参差隔浦船”[2]。根据诗文解读可见，豫章城外西山、章门外舟船渡口、滕王阁和南浦亭这四个景点间视线的可见，以及各景点间的风景环境意义关联促使了南昌古城外风景空间的生成。

综上可知，传统城镇风景空间的组织通过风景点间的视线关联和环境意义关联，实现风景空间的生成和风景意义的组织。可见，关联性是风景空间组织的核心环节，关联序列的生成是风景空间组织的最终目的。传统城镇风景空间只有生成了关联序列，才能形成连续的风景环境意义，产生风景空间。这种关联序列就是传统城镇风景空间组织的一种基本结构。

3.4　传统城镇风景的结构

从前述对传统城镇职能空间和休闲空间的风景分析可以看出，传统城镇风景空间从整体到局部，从构成要素到组织方式都具有高度复杂性。因此，研究传统城镇风景空间结构是为了抽丝

[1] （美）培根. 城市设计[M]. 黄富厢，朱琪译. 北京：中国建筑工业出版社，2003：264.

[2] 南昌地方志编撰委员会. 南昌市志[M]. 北京：方志出版社，2009：532.

剥茧，掌握传统城镇的风景作为一种文化现象或社会现象，它的意义是通过什么样的结构或什么样的相互关系被表达出来，从而产生特定的风景面貌和风格。

3.4.1 中西方风景结构的差异

1. 西方传统文化视角下风景结构

古罗马著名的哲学家、政治家西塞罗曾经划分过风景的结构，他认为风景分为两类：一类称之为第一风景，是上帝的作品或神赐之物，是未经人类改造的风景；另一类称之为第二风景，是人类从蛮荒中雕琢出来的风景，经过人类改造的风景。但西塞罗描述的第二风景是具有农业景观特点的风景，他说："我们播种玉米，种植树木，我们用灌溉来滋润土壤，我们拦河筑坝，让河流改变方向"[1]。可以说，农业对自然环境的改造是西方社会人类创造风景的基础。文艺复兴时期的意大利人迪亚吉奥和邦法迪奥把西塞罗的第二风景概念加以延伸，提出意大利文艺复兴时期的花园是将艺术与自然结合起来所创造出的"第三风景"。阿尔伯特进一步提出造园所创造出的"第三风景"必须建立在一个对更大场地或地区地形结构的缩影上。借助于造园技艺，通过对造园场地自然特点的修饰和强化，"第三风景"要能与其周围的"第一风景"或"第二风景"融为一体。因此，我们可以看出，在对风景结构的探索中，西方人对风景结构的划分是建立在人类对自然环境的改造和重塑之上，是以风景的表现类型作为划分标准的。"第一风景"是最基本层面的风景；"第二风景"是人们为维持生存，无意而为创造的风景；"第三风景"是人们为了享受生活，有意而为创造的风景。

西方的"第一风景"、"第二风景"和"第三风景"是一种线性、递进式的风景空间结构。人们在"第一风景"空间中体会到自然环境传达出的生态意义，创造出"第二风景"空间，再通过体会自然环境的美学意义，创造出大自然最精美的缩影"第三风景"。西方的风景空间结构表现为对自然美的选择和再现。约翰·迪克松·亨特在《风景的结构》一文中曾总结道，"在重新创造风景和文化结构以表现和传递自然之美的过程中，每一种文化都在世界中定位并得到她自身的收获"[2]。于是，西方出现了以英国自然风景园、意大利文艺复兴园林和法国古典主义园林为代表的不同艺术风格的风景。

2. 中国传统文化视角下风景结构

与西方的世界观不同，中国人崇尚"天人合一"的宇宙观。

[1] （美）普兰. 科学与艺术中的结构[M]. 曹博译. 北京：华夏出版社，2003：107.

[2] （美）普兰. 科学与艺术中的结构[M]. 曹博译. 北京：华夏出版社，2003：107.

因此，同样是以大自然作为得景和成景的基础，西方文化视角下的风景结构表达了人对自然美的选择、控制和享有，而中国传统的风景审美则强调要“道法自然”，达到“虽由人作，宛自天开”的境界。黑格尔在谈论美学时曾经总结过中国的风景组织特点是“把整片自然风景包括湖、岛、河、假山、远景等都纳到园子里”[1]。中国传统文化视角下的风景组织更多表现为对自然美的包容。中国古人认为“景物因人成胜概”，一切风景乃是思维的产物。凡富有美感的自然景物，或自然和人文景物相结合的优美景色都可以成为风景。因此，与西方将人类对自然环境的利用和改造作为划分风景结构的标准相比，中国传统文化视角下的风景结构更多地表现为是一种风景审美结构。

[1] （德）黑格尔. 美学：第三卷，上册[M]. 朱光潜译. 北京：商务印书馆，1979：103-104.

首先，中国传统文化视角下风景审美结构表现为古人对风景空间中时间结构的认识，风景的美直接受时间支配[2]。中国古人对风景空间中表现的一年中春夏秋冬四季、阴晴雨雪的季相变化，以及一天中的晨暮日月景色变化具有特殊的观赏热情，这源自于古人在长期的农业劳作中所形成的时间观念。作为传统城镇风景序列典型代表的城镇八景就常以表现风景的时间性作为八景题咏的主题，将城镇的自然山水转化为具有审美意义的对象。例如，根据明嘉靖年间《湖广图经志》的记载，湖广地区各城镇的八景题咏（见附录）中几乎都有以月色作为观赏主题的风景点，如武昌八景的“南湖映月”，鄂城八景的“金沙夜月”，嘉鱼八景的“龙潭秋月”，崇阳八景的“瀛潭秋月”，通羊八景的“隽溪映月”和当川八景的“恩波夜月”。中国古人也欣赏因时间的流转而变得灵动的自然山水风景。正如《林泉高致・山水训》中云：“山因日影之常形也。……山因烟霭之常态也。……水活物也，……欲挟烟云而秀媚”。自然光线的变化以及云气的升腾使得自然山水的美感更加生动，山水也不再是恒久不变的自然景物了。

[2] 刘天华. 风景结构中的时间观念[J]. 社会科学，1985，(09)：59-61.

其次，中国传统文化视角下风景审美的结构表现为古人对风景意义产生的结构性认识。古人在风景组织中以创造具有“园韵”[3]的风景环境为追求。所谓的“园韵”是为了使风景环境呈现具有园林艺术气质、有章法的组织结构。北京林业大学孟兆祯院士曾精辟地将中国传统园林的艺术内质概括为“景面文心”。他说：“‘景’是指天然之境，‘心’是指人文之心，凡造园构思和欣赏园林皆不越此藩篱”[4]。因此，中国传统文化视角下风景意境的传达依托于文人诗词，园林风景空间的谋篇布局也仿效文章结构，按照“起、承、转、合”的序列进行组织。佘树森曾比较过古典散

[3] 刘天华. 画境文心：中国古典园林之美[M]. 北京：三联书店，2008：95.

[4] 孟兆祯. 园衍[M]. 北京：中国建筑工业出版社，2012：23.

文与传统园林的结构，他认为“古典散文与传统园林在布局上大体保持一致的风格。在统一中求变化，在人工中求自然，在有限中求无限”[1]。

由此可见，较之于西方着重通过将自然山水环境作为实体空间进行抽象和重塑而形成的风景结构，中国传统文化视角下的风景结构更多地表现为一种横向关联式结构，将风景意义的生成与时间、地点和文化意义等广泛地交织在一起，从而淡化和模糊了风景的实体空间结构意义。因此，中国传统文化视角下的风景结构具有多义性和模糊性，难以用统一的标准来衡量自然景物和人文景物在风景空间中所产生的意义。

3.4.2 传统城镇风景的空间结构

1．传统城镇风景空间的系统性

传统城镇风景空间的产生可能既不是理性思维的产物，也不是一系列设计规则应用的结果，它是古人通过直觉、传统规则（主要是风水法则）、社会条件（礼制传统）和风景建筑间相互作用的结果。因此，传统城镇风景空间具有构成系统的特征，是通过景物、集体心理和社会过程相互制约、相互作用后所形成的具有功能整体性和环境综合性的复合统一体[2]。

（1）传统城镇风景空间具有系统的基本特征

1）整体性。从系统形成的角度说，整体性是传统城镇风景空间的最重要特征之一，是由构成风景空间系统的诸要素间因存在相互作用而产生的某种系统效应。对于传统城镇而言，风景空间中城池、堤防、神祠、学宫，甚至舟船渡口、酒肆、茶楼与自然山水环境甚至特定的气象、天象相结合，生成综合环境美，从而生成一种整体的美感空间。

2）层次性。从系统运作的角度说，由于组成系统的诸要素间存在作用方式上的差异，使得系统要素在组织的作用和地位、结构和功能上表现出等级秩序，从而形成风景系统的层次性。对于传统城镇而言，风景空间的层次性表现为传统城镇职能空间和休闲空间在构成风景空间时所起到的作用不同：传统城镇职能空间对城市布局起主要控制作用，是风景空间的骨架；而传统城镇休闲空间则在城镇休闲活动开展层面起到了城镇风景空间的组织作用。也就是说，传统城镇风景空间是通过古人对城镇景物的欣赏和风景环境的体验，实现风景空间系统的生成。

3）开放性。从系统的社会性角度说，传统城镇风景空间向社

[1] 陈绿怡等．中国文学导读[M]．北京：北京大学出版社，1990：68.

[2] 郝晋珉．土地利用规划学[M]．北京：中国农业大学出版社，2007：35.

会空间开放是风景系统得以稳定和发展的前提。因为，一方面风景本身就是一种社会化的产物，风景点的形成是社会集体劳动的产物，往往需要几代或数十代人的不断完善才能形成，比如湖广地区著名的风景点岳阳楼、黄鹤楼和滕王阁都经历过历代数次重建才得以延续至今；另一方面，风景也为社会生活服务，协调社会生活与自然环境需求间的关系。

4）相似性。从系统构成角度说，传统城镇风景空间作为一种风景系统，其相似性是指构成风景系统的各种类型景物具有同构性。中国传统城市的建设是以在山水环境中的相地择居为基础的，而风景环境的兴造更是以将中国传统文化观念中的山水进行抽象和再现成为风景组织的核心。可以说，风景系统中的各种类型景物的塑造都是以自然山水或抽象山水环境为基础而形成的。另一方面，传统城镇的风景建筑形式也相似，拥有一个传统建筑式样的基准风格。因此，传统城镇风景空间的相似性具体体现在风景的结构、功能、存在方式和演化过程都有相似的参照系，拥有共同性。

（2）传统城镇风景空间拥有作为风景系统的特殊特征

1）多义性和模糊性。由于传统城镇风景空间是一种艺术化的城镇空间，风景系统一定程度上依靠人们的审美直觉和审美体验生成。传统城镇风景空间透过风景的直观形象传达给古人，将有形之象转化为无形之意，使审美体验升华，从而产生在艺术欣赏领域中才能体会到的多义性和模糊性，以此来把握风景景象的“弦外之音”、“象外之旨”❶。在西方理性主义哲学的倡导之下，西方的美学以主题清晰、信息明确作为要旨，追求纯粹、反对含混，是一种写实主义。而中国传统美学则以浪漫主义著称，讲求缠绵、含蓄，具有环境意指的非连续性和跳跃性。因此，在传统城镇风景空间中很难用统一的标准来划分自然景物和人文景物在风景系统中所起到的作用。传统城镇风景空间的多义性是指风景空间拥有类属边界不清晰，性质不明确的系统发展趋势；模糊性是指风景空间处于艺术化含义与构成不确定的系统状态。

❶ 王烟生．艺术创造与接受[M]．南京：南京大学出版社，1998：271.

2）真实性和地域性。风景是一种独特的环境欣赏。首先，风景空间的生成是以城镇所处的自然山水环境为基础的，一般不能离开城镇环境单独欣赏，是一种经过艺术化的大环境。不同的城镇因为拥有不同的环境特质而产生不同的风景美。因此，才会产生北方城镇风景的雄浑和南方风景城镇的灵秀。其次，传统城镇中风景的欣赏不仅通过视觉美来传递，还通过文化意象来表达。

正如孔尚任说："盖山川风土者，诗人性情之根抵也。得其烟霞则灵，得其泉脉则秀，得其冈陵则厚，得其林莽烟火则健"[1]。传统城镇的风景欣赏是一种多向度的协同感受，通过环境美与意象美的协同互动生成风景空间。因此，在传统城镇风景系统中，真实性和地域性体现在风景系统的自组织结构中，即通过构成城镇风景的环境空间与意象空间的相互作用，形成拥有独特风景特征的城镇风景空间。

[1] 王烟生. 艺术创造与接受[M]. 南京：南京大学出版社，1998：138.

2．传统城镇风景空间的层次性

传统城镇风景空间作为一种复杂系统，其结构是以系统的功能为基础的。笔者对传统城镇风景空间结构的研究是基于认为传统城镇风景不仅具有美学意义还首先具有功能意义。因此，传统城镇风景空间首先是功能空间，其次才是美学空间。

传统城镇风景空间基本功能要素的布局具有以下基本特征：（1）传统城镇是地方行政和军事功能中心，控制城镇风景空间结构的除了自然山水之外，还有城镇中各类以官方性质为主体的建筑。官府衙署一般占据城镇内中心的位置，与城镇周边的重要山川产生视觉或意义关联；而其他官方建筑则散布开来分布于城镇脉络周边。按照风水观念，脉络主要是指城镇内的水道。城镇内的其他官方建筑散布于水道转折或水口处，成为控制城镇风景空间的节点。（2）寺庙祠观和坛庙、旌表类建筑是传统城镇风景空间中数量最多、分布最广的一类。此类建筑一般更加强调自然山水环境氛围对其宗教意义的烘托作用，因此多建于城内和城郊的山水形胜之处，是传统城镇风景空间主要的分布性风景要素。（3）虽然城墙、城濠和堤防是构筑传统城镇防卫体系的要素，发挥将城市的主体功能空间与自然山水环境隔离开来的作用。但与城镇其他风景建筑散布的空间特征不同，要素自身具有连续的空间形态。城墙、城濠和堤防的兴建多因地随形，对城镇内外的各类风景要素产生限制和引导作用。因此，城墙、城濠和堤防是传统城镇风景空间重要的风景组织要素。（4）传统城镇陆路或水路的交通节点是城镇中最为活跃的功能节点。商业店肆和舟船渡口、驿站集中于此，形成具有公共性的城市空间节点。传统城镇风景空间的公共休闲性也在此类空间中得到体现。

根据传统城镇风景空间基本功能要素在构成城镇风景空间内容和作用的不同，可以将其分为整合性风景要素和分布性风景要素两大类，见表3-4。整合性风景要素是指城镇风景空间中的自然要素，包括城镇内外自然山水环境单元和人工改造的山水组合单

传统城镇风景空间基本功能要素划分　表3-4

要素类别	整合性风景要素	分布性风景要素
要素形式	自然山水环境单元 人工山水组合单元	城墙和城壕 堤防 寺庙祠观 坛庙、旌表类建筑 学宫书院 官府衙署 舟船渡口、驿站 商业店肆

元；分布性要素是指城镇风景空间中的人文要素，它们以整合性要素为基础，包括人工兴造的各种风景建筑物和构筑物，对城镇风景空间的形成具有催化作用。此外，居住建筑和坊市没有被纳入分布性风景要素。因为一方面在古代城镇舆图中居住建筑和坊市一般都不绘制出来，这两类建筑不被当作环境组织重点；另一方面，虽然它们在传统城镇空间中占有数量的优势，但却在空间组织结构中被当作一个整体来看，是一种区域性要素，被当作环境组织的基质。

由于传统城镇风景空间的功能要素具有层次性，传统城镇风景空间的美学空间也具有层次性。传统城镇风景空间的整合性风景要素构成了美学空间中的风景基本空间，以自然或经人工改造的山水单元来展现风景的自然美；传统城镇风景空间的分布性风景要素构成了美学空间中的社会性风景空间，以社会功能的多元化展现传统城镇社会生活中美的一面；此外分布性风景要素通过与整合性风景要素结合，以风景的“境”促使观赏风景的人产生“情”，并通过传统文化的演绎形成风景欣赏的最高境界“意”，产生风景的意象美，见图3-9。

综上所述，传统城镇风景空间不论是从功能角度，还是从美学角度都具有层次性。风景空间的不同层次对形成风景空间发挥着不同的作用。传统城镇风景空间的整体美感和空间的形成是通过风景的各层次功能相互关联、环境美和意象美的相互协同而生的。

3. 传统城镇风景空间结构特征

通过以上对传统城镇风景空间的系统性和层次性分析，结合前述对湖广地区传统城镇风景空间的构成及组织途径的梳理和研究，大体可以看出，传统城镇风景空间具有以下基本结构特征：

（1）传统城镇风景空间的基本功能要素是以山、水要素为核

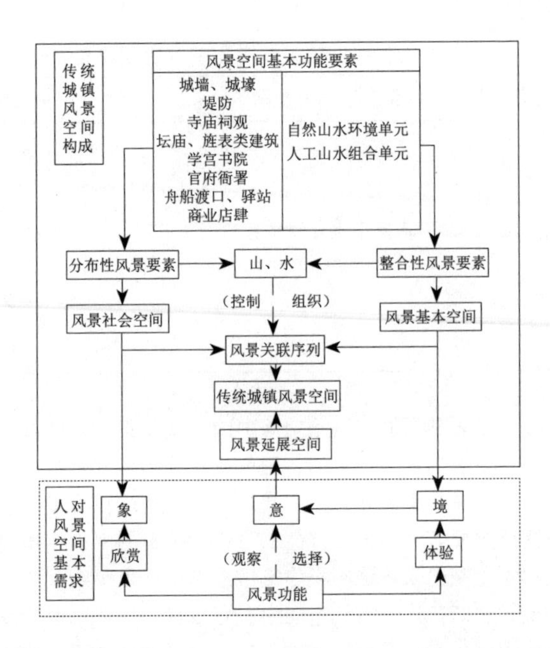

图 3-9 传统城镇风景空间构成关系图
（资料来源：自绘）

心的，山水起到了风景组织和控制功能，是风景基本空间。

（2）通过传统文化观念和意识形态的影响，分布性风景要素与整合性风景要素通过关联序列的组织产生风景社会空间。风景社会空间中欣赏和体验是主要功能。

（3）在传统城镇风景空间中，人们通过对风景社会空间“象”的欣赏以及对风景基本空间“境”的体验，产生综合的环境美感“意”，形成风景延展空间。

（4）传统城镇风景空间总体结构具有单元特征。风景空间单元是以风景基本空间为核心，以风景社会空间与风景基本空间的结合为单元主体，具有风景空间内核清晰而边界模糊的总体结构特征。

综上所述，传统城镇风景空间是一种空间单元，风景基本空间和风景社会空间通过自然山水的组织和控制形成空间单元的结构核心，空间单元的外延是风景延展空间。传统城镇风景空间的单元整体性主要取决于风景空间基本功能要素间的组织与协调，是传统城镇风景空间格局形成的决定性因素。图3-10为传统城镇风景空间单元结构的基本范式。

传统城镇风景空间是根植于传统城镇生活空间之上的，与传统文化观念、意识形态和传统城镇生产生活方式有密切的关联。

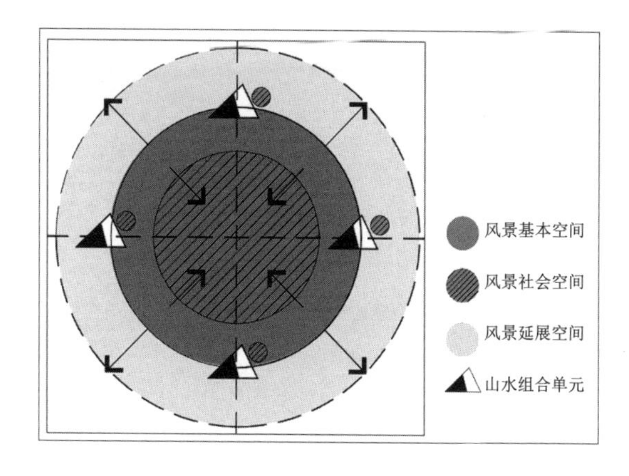

图3-10 传统城镇风景空间单元结构基本范式（资料来源：自绘）

分析传统城镇风景空间就是要从风景视角解析城镇的建成环境所产生的意义。本章将传统城镇风景空间作为一种复杂系统，从结构主义的视角对城镇风景抽丝剥茧，通过对风景系统的要素和结构关系的研究来解释传统城镇风景作为一种文化现象和社会现象，它的整体环境意义是如何表达出来的。

首先，在传统城镇的职能空间和休闲空间中所包含的具有风景环境意义的基本要素包括：城池和城壕，堤防，寺庙祠观，坛庙、祭祀旌表类建筑，学宫书院，官府衙门，舟船渡口、驿站和商业店肆。这些基本城镇功能要素与城镇的自然山水环境或经人工创造的山水组合单元结合，通过生成关联序列形成了具有连续风景感受的风景空间。关联序列就是传统城镇风景空间组织的一种基本结构。

其次，传统城镇风景结构是一种横向关联式结构，风景意义的生成不仅与自然山水环境所提供的“境”有关，还与传统文化观念、意识形态指导下城镇建设中的各种风景要素所形成的“象”有关，从而使传统城镇风景空间具有系统层级性关系。传统城镇风景空间的结构层级关系是，以风景基本空间为基础、风景社会空间为核心、风景延展空间为外延的，具有内核清晰而边界模糊的结构性特征。

再次，传统城镇风景空间总体结构特征具有单元性。在传统城镇风景空间中，风景空间单元是以风景基本空间为核心，以风景社会空间与风景基本空间的结合为单元主体。山水不仅是基本风景要素，同时也具有风景环境组织和空间生成的控制意义，是风景空间单元形成的核心。

第4章

传统城镇风景组织与协同

从上一章对传统城镇风景结构的解析可以看出，传统城镇风景空间构成要素通过风景社会空间和风景基本空间的多样性关联生成基于物质层面的风景关联序列和基于意义层面的风景延展空间，以此整合生成风景空间。这一点体现在传统城镇风景空间的组织结构上表现为，风景要素是以山水环境单元为核心，通过一种横向关联式结构形成一种空间组织相对松散的宏观组织结构。因此，传统城镇风景的整体环境空间感不能独立存在，而是必须配合条件才能展现出来。传统城镇风景空间的各类风景要素与山水环境单元的环境协同是生成空间整体感的重要因素。只有进一步揭示传统城镇风景空间中各类要素的组织方式，总结其规律和发展的基本趋势，才能深化对传统城镇风景结构的研究，为当代中国城镇风景组织提供借鉴。

城镇风景系统的结构一直以来被当作空间问题来研究，这可以解释系统结构的构成与布局问题，但不足以解释系统结构是如何建立起来的。如果我们把结构理解为一种空间发展的过程，那么在城镇风景空间系统中结构的建立可以理解为是以空间—时间双重要素为发展动力建立起来的风景空间发展序列。这种序列的形成可以由来自系统之外的因素推动产生，也可以由系统内部要素的自我组织形成。城镇风景空间环境协同是风景社会空间各要素的空间单元在城镇发展建设中，通过选择自然山水环境中的风景优势区位，在对环境区位的竞争中通过要素间相互联系与合作，使城镇的自然山水环境资源得到充分利用，风景空间得到协调发展。因此，城镇风景空间结构的完整性是建立在城镇自然山水组织结构的完整性之上的。协同反映的是系统要素间的一种集体状态和趋势。城镇风景环境协同是要研究城镇风景社会空间要素在自然山水资源有限的前提下，获得共同发展机会的一种集体状态。

本书所研究的城镇风景空间环境协同，是以协同观介入城镇风景空间的布局研究，将研究视角放在城市风景空间中各要素在面对城镇发展时，如何形成良性的相互关联和相互刺激。研究注重解决的理论问题是城镇内的自然山水环境单元与风景空间基本功能要素的组织机制，研究围绕自然山水环境单元在城市整体风景空间组织结构中的公共性和中心作用，以此来探讨城镇风景环境如何协同发展的问题。因此，分析风景要素的组织机制和组织结构是城镇风景空间布局研究的关键所在。

本章将以案例研究为主，以传统城镇风景要素与山水环境单元间的组织方式为研究对象，归纳传统城镇风景空间的演化过程，总结风景空间环境协同的策略，以便进一步指导当代城镇风景环境的兴造。

4.1　城市形态学研究

形态学（morphology）概念起源于希腊语的形（morphe）和逻辑（logos），是指形式的构成逻辑[1]。它是西方古典主义哲学和经验主义哲学的衍生产物。形态学最早应用于生物研究领域，主要研究生物体结构特征及其组成部分间的关系。此概念随后被其他学科借鉴，所研究的“形态”是作为实体“形”的形状和状态的含义，是事物在一定条件下的表现形式。19世纪初地理学和人类学首次将形态学应用于城市研究范畴，开拓了城市形态学研究领域。

城市形态学是将城市当作有机体来研究，了解其生长演化机制，研究由城市形态的逻辑内涵和形式外延共同构成的城市形态整体观。城市形态学研究包括三个层次：（1）研究城市实体所表现出的具体物质空间形态，一般采用描述性研究；（2）由城市的自然、历史、经济、文化等因素变化导致的城市空间形态成因的研究，属于成因性研究；（3）对城市物质形态的空间布局、文化特色、社会分异等方面的认知分析，研究城市物质形态和非物质形态的关联性，属于关联性研究。城市形态研究可以具体延伸到城市历史研究、城镇规划分析、城市功能结构理论、政治经济学方法、环境行为学研究、建筑学方法和空间形态研究等领域[2]。

城市形态学以城镇平面图作为主要研究对象，从区域、城市、街区和建筑四个尺度对城镇形态演变进行研究。目前，西方理论界在城市形态学领域的研究成果颇丰，主要有三大理论流派，即以空间句法分析为主的空间形态派、意大利建筑类型学派和英德历史地理学派[3]。英国康泽恩（Conzen）学派、意大利Muratori-Caniggia学派和法国类型形态学派是其中的代表，发展出各自具有导向性的城镇景观研究方法。而国内理论界在城市形态方面虽然也进行了大量的研究，但所采用的研究方法和研究框架目前仍以沿用西方的理论研究路线为主。

综上所述，虽然城市形态学的研究范畴跨越很大，学派间的研究侧重点也各不相同，但是城市形态学研究具有以下的研究共识，可以为本节的研究提供理论借鉴：

[1] 段进，邱国潮. 国外城市形态学概论[M]. 南京：东南大学出版社，2009：4.

[2] 谷凯. 城市形态的理论与方法：探索全面与理性的研究框架[J]. 国外城市规划，2001，25（12）：36-42.

[3] 张健. 康泽恩学派视角下广州传统城市街区的形态研究[D]. 华南理工大学，2012：6.

（1）城镇的物质形态是可以解读的。

（2）复杂的城镇整体形态是由特定的简单元素构成的，分析城镇的形态可以采用从局部到整体的分析过程。

（3）应该从历史发展的角度分析城镇形态生成的完整序列，关注城镇组织元素所经历的连续转换和演替过程。

英国康泽恩学派侧重从地理学视角研究城镇景观的建造目的，意大利Muratori-Caniggia学派则从城市设计视角研究如何建设城镇景观❶，研究意图不尽相同，但英国学派通过“城市景观单元”❷，意大利学派通过“城镇肌理”考察城镇景观，将建筑物与其相关开放空间、街道、街区作为黏结整体进行研究，具有理论的共通性。这为本章将自然山水作为城镇风景组织纲目的研究视角提供了合理的理论途径。

此外，形态学研究与前述复杂系统组织理论的理论前提也具有一致性。根据复杂系统理论，因系统各层级具有相同的基本组织原则，当系统十分完整时系统的各层级可以在一定界限内自主更替，以维持系统处于最佳状态和保持整个系统的结构完整❸。因此，可以通过形态学从不同层次研究系统要素的演替，以此来揭示系统结构。

有鉴于城市形态学研究共识具有普适性，不仅可以针对完整意义上的城镇空间，也可以针对城镇风景空间这一专项。因此，采用城市形态学的相关研究方法和理论框架作为研究城镇风景空间环境组织具有可行性。本章将遵循城市形态学的基本方法，通过解读风景空间基本功能要素在传统城镇历史地图中透露的相关信息❹，并以传统城镇府县志中的相关文字记载作关联性解释❺，来研究风景社会空间与风景基本空间是通过什么机制形成风景关联序列，并据此归纳出传统城镇风景环境协同。

4.2 传统城镇风景组织

胡俊在《中国城市：模式与演进》中提出：“每个城市的各项要素和各类功能活动不是随意地分布在城市中，是根据一定的空间秩序，有规律地联系在一起”❻。城市形态被认为是一种复杂的人类社会文化活动的物化表现，是与自然因素相互作用的城市功能组织方式在特定地理条件下抽象的物化形态。因而，城镇风景作为人类社会的一种文化现象，其空间形态结构一定程度上是可以通过城镇形态体现出来的。由于中国古代木构建筑技术成熟，

❶ 段进，邱国潮．国外城市形态学概论[M]．南京：东南大学出版社，2009：5.

❷（英）怀特汉德．城市形态区域化与城镇历史景观[J]．宋峰，邓洁译．中国园林，2010，(09)：53-58.

❸（德）库德斯．城市结构与城市造型设计[M]．秦洛峰，蔡永洁，魏薇译．北京：中国建筑工业出版社，2006：68.

❹ 成一农．中国古代地方城市形态研究方法新探[J]．上海师范大学学报（哲学社会科学版），2010，39(1)：43-51.

❺ 成一农．中国古代方志在城市形态研究中的价值[J]．中国地方志，2001，(1-2)：136-140.

❻ 胡俊．中国城市：模式与演进[M]．北京：中国建筑工业出版社，1995：2.

很早就形成了一套成熟的建筑标准化营构模式，使中国古代木建筑在单体造型上相似，其差别主要通过建筑体量、色彩等形制规定来加以区别。因此，传统城镇中建筑群体在视觉形态上很容易形成较统一的风景基准风格。但是对于城镇风景空间而言，人们既要求风景形态存在一致性，更欣赏风景形态的不一致性所带来的环境张力和空间感染力。因此，城镇风景空间形态特征的生成来自于城镇风景空间中风景要素组织方式的差异与特点。

4.2.1　因山构城：明清武昌

明清武昌城位于江汉平原东部，长江和汉水交汇处。由于军事地理位置十分重要，三国时孙权“墉山为城，堑江为池”，在黄鹄山上修筑用于军事目的的夏口城，开始了武昌城的建城历史。隋唐时期在此扩建了鄂州城，成为江夏郡的府城。元代鄂州已经成为湖广地区的中心城镇。经过历代建设，形成了明清时期包括武昌府城、江夏县附郭在内的城周二十余里的城址范围（图4-1）。

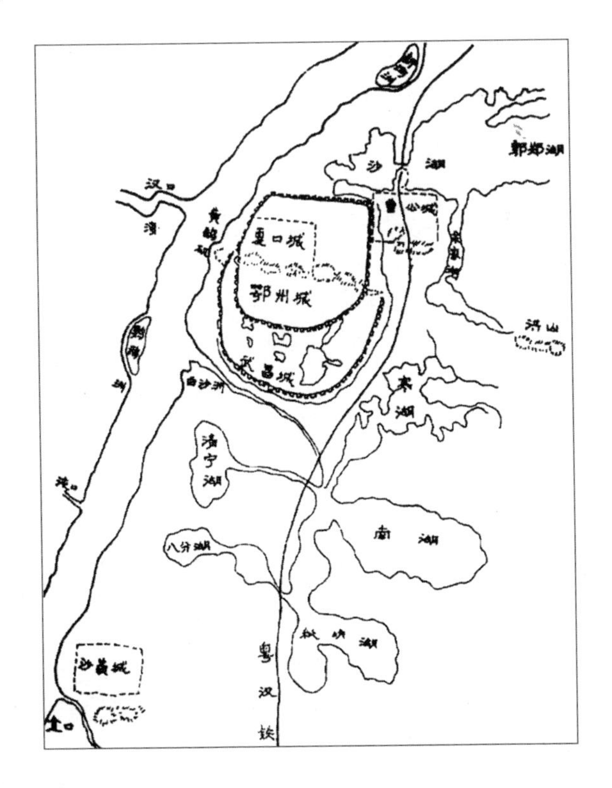

图 4-1 武昌城址变迁图（资料来源：《武汉通史 · 图像卷》❶）

❶ 皮明庥. 武汉通史 · 图像卷[M]. 武汉：武汉出版社，2006：85.

1. 明清武昌城镇风景的自然和社会基础

(1) 自然山水格局

武昌城的自然环境条件优越，以平原和丘陵相间的地貌为主。从武昌城的大风景环境来看，东西横贯武昌与汉口城的丘林山系为武昌城风景的发展奠定了基础。该山系分两列：一列从汉阳的扁担山至武昌的黄鹄山、洪山；另一列从汉阳的汤加山、大别山至武昌的吹笛山、横山。穿过武昌城的山体具体有：南列的黄鹄山、洪山、珞珈山；北列的凤凰山、紫荆山、小龟山、狮子山，两列山均西枕长江向东蜿蜒[1]，见图4-2。长江从武昌黄鹄山和汉口大别山间穿过，江流险峻。沿着山系两侧低洼处在雨水侵蚀下形成了诸如月湖、南湖、郭郑湖、沙湖、青莲湖、汤逊湖等大型湖泊16个。根据清代《江夏县志》的记载，武昌城中共有“九湖十三山”[2]。武昌城因此而拥有湖山交错的风景地貌（图4-3）。

[1] 吴薇. 近代武昌城市发展与空间形态研究[D]. 华南理工大学，2012：32.

[2] 徐建华. 武昌史话[M]. 武汉：武汉出版社，2003：58.

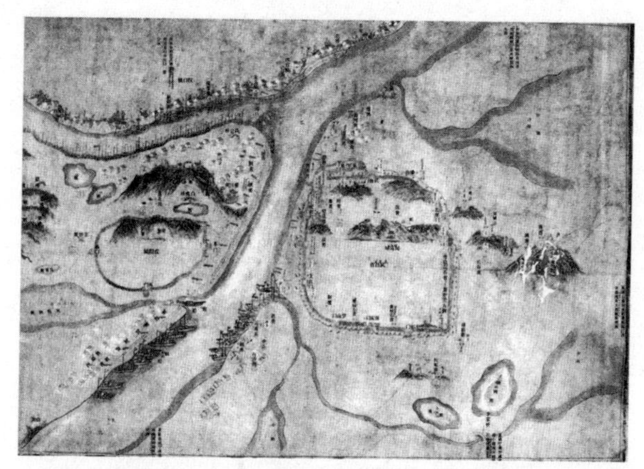

图4-2 武昌、汉口城镇山形水系
（资料来源：《武汉历史地图集》）

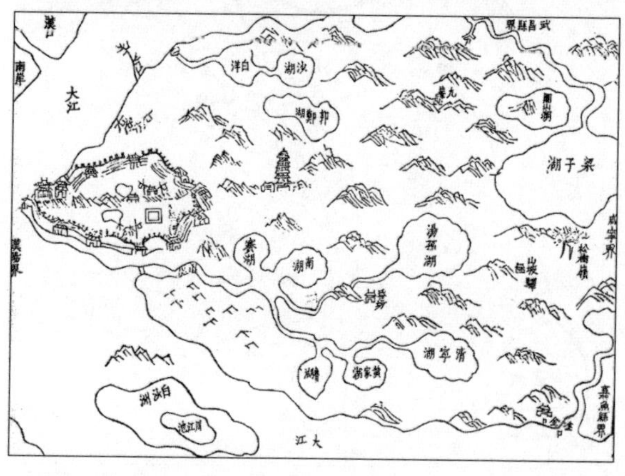

图4-3 武昌府山水环境
（资料来源：《武汉历史地图集》[3]）

[3] 《武汉历史地图集》编纂委员会. 武汉历史地图集[M]. 北京：中国地图出版社，1996：10.

《黄鹄山志·头陀寺碑文》中描述了当时武昌城的风景面貌为“南则大川浩瀚，云霞之所沃荡。北则层峰峭成，日月之所回薄。西眺城邑，百雉纤余；东望平皋，千里超忽。信楚都之胜地也”❶。

（2）社会发展基础

武昌在明清时期被称为“湖广会城”。首先，武昌是湖广地区的政治中心。武昌从元代开始确立了湖广行省行政中心的地位，城内衙门众多。明代将湖广地区的布政司、按察司和都司“三司”衙门设于武昌，明中晚期又将巡抚、总督和总兵府设于武昌城内，使得武昌城内既有高于省级的总督衙门，也有省级的三司衙门，还有武昌府衙门以及江夏县衙门。清代进一步将湖广布政司分设为湖南和湖北两省布政司，并相应地分设了管理军事和行政大权的总督府，武昌城内更是衙门荟萃，集中了湖广总督府、湖北布政司、湖北按察司、湖北巡抚、江夏县衙等多达43处衙门。

其次，武昌是湖广地区的教育中心。武昌城内不仅衙署众多，学宫、书院也很多。武昌学宫分为武昌府学和江夏县学。武昌府学在明代继承宋、元旧治设于黄鹄山南，府治南侧。而江夏县学明代时设于黄鹄山北，后移于平湖门内，最后至凤凰山下。府学、县学留下的碑记中描述学宫的形制规整，“蔚为壮观”❷。除了官办的学宫之外，明清两朝武昌共有书院12座，散布于城门内外及黄鹄山附近。武昌因办学育才而诗文雅风日益兴盛。

第三，武昌是商业中心。由于武昌城北集中了大量的行政衙署和文庙、学府这样的文化机构，使得武昌城北的主要职能是政治文化职能。武昌的商业发展则如同封建时期的其他传统城镇一样，沿进出城门的主要道路和城外交通要道展开。武昌的商业街市主要集中在城南，城南著名的十里“长街”就是城内著名的商市。武昌城的商业繁荣则是出于其水路交通的便利。由于依托江汉平原，地处长江、汉水的交界处，加之从两宋时期开始，中国的经济中心向长江流域转移。武昌逐渐成为将汉水中上游及川陕等地区的粮食和货物运抵汴梁城的漕运要道和贡赋贮存的要地，一时四方商贾云集成为“淮楚荆湖一都会”❸。交通的便利带来了商业的繁荣，武昌的商业活动主要集中在水路交通津要处，最著名的是两宋时期城南城门外的南草市。南草市由南北朝时期的南浦码头作业区发展而来。南浦位于鹦鹉洲和武昌江岸间的一条内河边，该河内通汤逊湖、梁子湖等，外连长江，因水流舒缓而便于商旅船舶停靠，而成为两宋时期兴盛一时的中转商埠，也是文人墨客流连的风景地之一。由于长江河道流势不稳定，鹦鹉洲在

❶（清）胡凤丹．黄鹄山志[M]．永康胡凤丹退補斋．清治同十三年：128.

❷ 皮明庥，李怀军．武汉通史：宋元明清卷[M]．武汉：武汉出版社，2006：472.

❸ 杨果．宋辽金史论稿[M]．北京：商务印书馆，2010：199.

明代沉于江中，南浦和南市的繁荣不再，但其港口的功能仍然存在。城外商业的繁荣使得城外沿江的城厢地区集中了大量的从事商业服务业的人员，只金沙洲就“有街八道，号称几十万户”，城外一片市井繁荣景象（图4-4）。

图 4-4 江汉览胜图（资料来源：《武汉历史地图集》❶）

❶《武汉历史地图集》编纂委员会. 武汉历史地图集[M]. 北京：中国地图出版社，1996：5.

由于武昌城的水路交通便利，自周代始便舟船集焉、车马会毂，是长江中游湖广地区的一大都会，也成为兵家必争之地。武昌的社会环境在“人文财赋、轮蹄楼舰、战争守望”中得到发展。唐末宋金之际，伴随中原人口向湖广地区大量输入，武昌的社会文化得到长足发展，武昌拥有“远瞩衡岳、潇湘之胜，近眺黄鹄、汉沔之奇。风云蔚秀，人物霞蒸”的城镇风景发展基础。但随着明清时期长江流域政治、文化中心向长江下游吴越地区转移，制约了湖广地区城镇的进一步发展。武昌的城镇风景既不拥有江南风景的秀丽和黔粤高山大川的伟岸，也不拥有吴越文化社会的高度繁荣，其更多的是在楚文化积淀与吴文化融合的基础上发展起来（图4-5）。

2. 借景山水的风景兴造

（1）因山成景

蛇山因“峭峙江口”，林涧甚美，自唐代始便古迹众多，成为著名的风景览胜处。除了著名的黄鹤楼以外，历代还建有石镜亭、压云亭、广永亭、吕仙亭、涌月台、龙床台、南楼、北榭、磨剑池、费祎洞等诸多人文胜迹。

宋苏辙在《九曲亭记》中写道“江之南武昌诸山，披陀蔓延，

图4-5 清末湖北武汉全图
（资料来源：《武汉历史地图集》❶）

涧谷深密，中有浮屠精舍”❷。蛇山山麓历代建有众多祠庙，如关帝庙、玉皇阁、杨公祠、胡公祠、头陀寺、长春观以及城外蛇山余脉洪山的宝通寺等。清代徐悍在《重修武昌府洪山报国万寿寺碑记》中写描述了山麓景色，“出郭山蜿蜒，怪石窿起，林木蓊郁，狮崖堆云。……塔影干霄，梵栋凌云。”❸

明万历年间由于商业繁荣，依山造园风潮兴盛。明清两代城内的黄鹄山、崇府山、胭脂山、梅亭山等山麓陆续建有山水别业“东山小隐”、“霭园”、“乃园”、“止园”、“梅亭书屋”和“熊园”等。

武昌城亭台楼阁、祠庙和私园等人文胜迹依托山体而建，不仅可以因山就势形成丰富的空间变化，还可以内外兼收，通过登山获得平远开阔的视野，欣赏武昌“湖光萦回，与岗阜互出没”❹的自然山水风景。

（2）就水成景

“江汉滔滔，南国之纪。斯为源，巨矣。”武昌的江岸是文人墨客欣赏江景的重要场所之一。长江的激流和多变的江色是武昌府城滨江风景的主要特色，郦道元在《水经注》中云：“高观枕流，上则游目流川，下则激浪崎岖”。

水系与街道一样可以提供客流和货流便利，成为城镇生活消费场所，促使城内外商业繁荣。武昌的水岸津要处逐渐成为城镇开展公共休闲活动的场所之一，水岸风景充满了市井气息。两宋时期南城门外的南浦是文人墨客流连的风景游赏地之一，南宋范成大在《吴船录》中描述道“沿江数万家，尘闬甚盛，列肆如栉。酒垆楼栏尤壮丽，外郡未见其比。”❺明代的金沙洲、陈家套和清代的塘角等地的水岸边也都拥有“连樯上灯火，混若蒸朝霞”的市井繁荣景象。晚清时期，武昌城内墩子胡和长湖沿岸陆续修建

❶《武汉历史地图集》编纂委员会. 武汉历史地图集[M]. 北京：中国地图出版社，1996：22.

❷ 武汉地方志编纂委员会办公室编. 清康熙湖广武昌府志校注[M]. 武汉：武汉出版社，2011：869.

❸ 武汉地方志编纂委员会办公室编. 清康熙湖广武昌府志校注[M]. 武汉：武汉出版社，2011：959.

❹（清）王葆心. 续汉口丛谈、再续汉口丛谈[M]. 湖北教育出版社，2002.

❺ 皮明庥，李怀军. 武汉通史：宋元明清卷[M]. 武汉：武汉出版社，2006：334.

了亭桥、学堂、会馆等，发展成重要的公共园林[1]。

自明代武昌的湖边造私园记载增多，其中著名的有憩园。憩园原为司湖畔鄂王府后圃，广约十亩，园内疏池引湖水内灌，有花木、池石、土山、亭阁，缭以长廊。园内景观参错有奇致，可遥望园外黄鹄山、黄鹤楼、南楼和江水西来如练[2]。

武昌城的江、湖等因水体环境疏朗、视线开阔而受到青睐，成为公共园林和私家园林形成的依托。武昌的水景虽然少有江南水乡的柔美秀丽，但却在市井繁荣的风景面貌下拥有更多自然恢宏的气势。

（3）“八景”题咏中的典型城镇风景

“八景”题咏是对地区典型风景的概括和提炼，反映了城镇风景的整体时空意象。古人通过登山赏四季景色，眺月色、朝霞、夕阳，临水观捕鱼和码头的劳作，凭楼观水天一色的气象变幻，追忆故人往事，体会在时空流转下自然山水多变的景色，形成对武昌城镇风景美的整体性认知。

在《明嘉靖湖广图经志书》中，明代武昌的“八景”题咏虽然有“武昌八景”和“鄂城八景”之别，但所咏的风景主题基本上相同。武昌的“八景”题咏所描述的典型风景有：以山景为主题的包括“鹄岭棲霞”、“黄鹄朝霞”、“东山览胜”、“凤山春晓”等，集中在蛇山一线；以水景为主题的包括“鄂渚吟风”、“鹦洲听雨”、“南浦观渔”、“南浦秋涛”、“赤矶怀古”、“金沙夜月”等，主要集中在长江江岸和鹦鹉洲、金沙洲一带；以人文景观为主题的包括“庚楼醉月”、“黄鹤怀仙”、“鹤楼晚照”、“铁佛珠林”、“武昌仙境”，涉及具有代表性的风景建筑黄鹤楼、南楼和寺观。武昌的“八景”题咏所体现的典型城镇风景景象具有秀、旷和幽的环境特征。

3．明清武昌城镇风景组织

（1）城镇风景述要

虽然武昌城西枕大江，城内外湖塘众多，但对城镇风景面貌产生决定影响的并非城外的众多湖泊，而是贯穿城内的山体（图4-6）。胡凤丹在《黄鹄山志·自序》中对武昌城内山体的风景作用解释道：“其山则有凤凰、有崇府、有胭脂，非弗幽秀矣，而率乏伟”。黄鹄山因横亘城内，“蜿蜒磅礴，拔地倚天，耸翠如屏，浮青满郭，实一城诸山之主”。陆游首次在《入蜀记》中将黄鹄山称为“蛇山”，并描述黄鹄山为“山缭绕如伏蛇，自西亘东”。明代之前武昌城市规模相对较小，城址基本围绕黄鹄山围山而建。明代周德兴增拓修筑武昌城使城镇规模得到大规模发展，城址东

[1] 周向频，刘源源．从容的转型与主动的融合：武汉近代园林的发展及对当代园林的启示[J]．城市规划学刊，2010，(02)：111-119.

[2] 武汉市园林分志编纂委员会．武汉园林资料汇编[R]．1984：15.

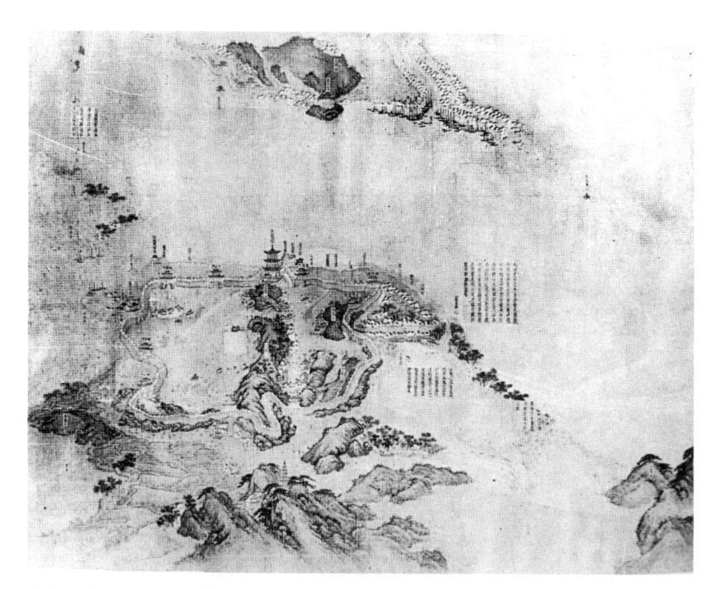

图4-6 明末清初武昌江岸图
（资料来源：《武汉历史地图集》）

起长春观、西至黄鹄矶、南至鲶鱼套、北至塘角下新河。武昌城以黄鹄山为界分为南北两部分。城北部因为有凤凰、胭脂和崇府三座小山，城内街道布局只能顺应山体走势，因而城镇北部的街区地块较小，环境较为幽闭；而城南部只有梳妆台、梅亭山、黄土坡等少量残山、坡地，以长湖、墩子湖、歌笛湖和都司湖等风景优美、视线开阔的天然湖泊为主，因而呈现开朗的城镇风景面貌。

明代武昌城镇空间的组织是围绕明太祖第六子朱桢的楚王府展开的，城中的各级衙门府邸均以它为中心布局，见图4-7。布政司、武昌府、东察院等衙门在楚王府西侧，江夏县衙、武昌府衙在楚王府北，而武昌道、按察司、都司等衙门位于楚王府西侧，各郡王府、演武厅在楚王府东侧。武昌城的各类风景点也大多围绕楚王的游憩活动而分布。楚王府前的歌笛湖、御菜园，黄鹤楼旁的武当宫，东湖的放鹰台等都是楚王的游赏地。然而武昌城内对城镇风景起到组织作用的除了城镇的政治中心楚王府之外，就是城镇中心的黄鹄山，陆游在《入蜀记》中描述道“州治及漕司皆依此山”。明末楚王府毁于战火，清代武昌城市空间不再以楚王府为空间组织核心，城内的山体对城内各衙署、祠庙的组织作用更加突出，见图4-8。

（2）城镇风景要素类型

由于中国传统城镇风景属于关联性文化景观，城镇风景与自然山水、历史发展、宗教、艺术和民俗等存在广泛的关联，因此

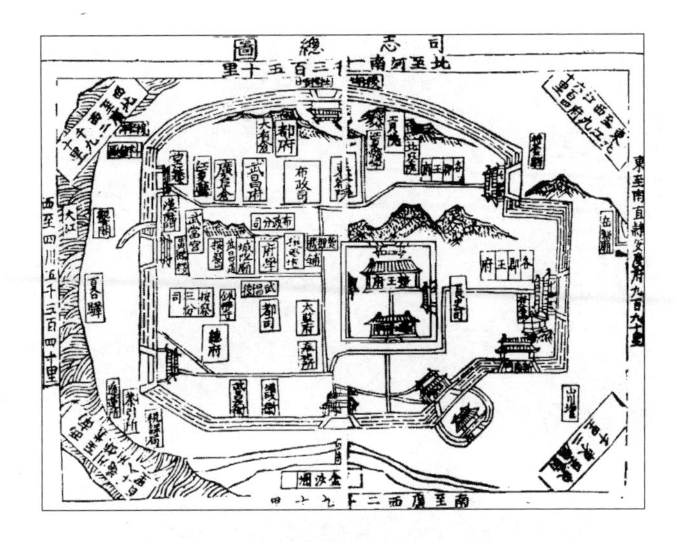

图 4-7 明代武昌府城图（资料来源：《湖广图经志》❶）

❶（明）日本藏中国罕见地方志丛刊.（嘉靖）湖广图经志[M]. 北京：书目文献出版社，1991：13.

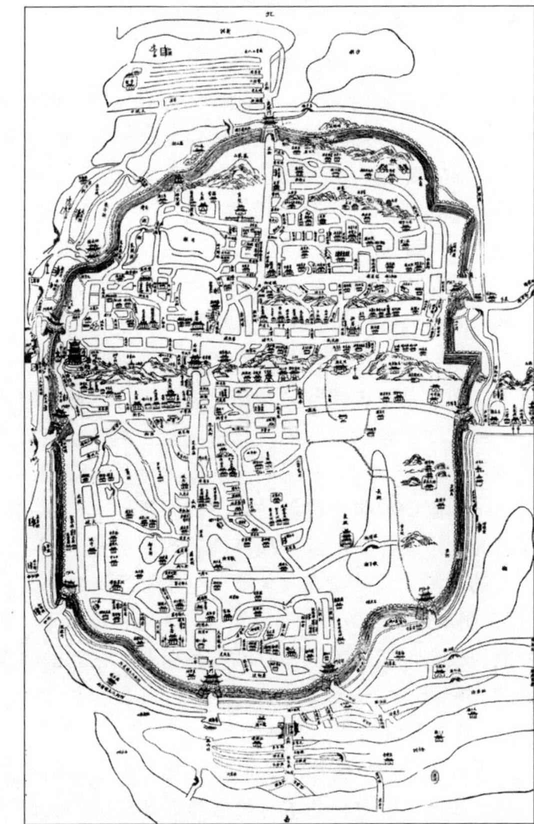

图 4-8 清代武昌府城图（资料来源：《武汉历史地图集》❷）

❷《武汉历史地图集》编纂委员会. 武汉历史地图集[M]. 北京：中国地图出版社，1996：10.

武昌城镇风景要素类型　表4-1

类别	风景要素类型
山水要素	山、冈、岭、峰、谷、洞、岩、崖、坪、坳、石、岘、堆、畈、冲、堤、埠、江、河、湖、汭、口、矶、洲、浦、溪、洑、港、滩、潭、池、塘、泉、井
人文胜迹	城、邑、市、宫、楼、阁、宅、堂、轩、榭、亭、台、洞、池、塔、铁犀、碑、墓、坛、门、殿、书院、墩、馆、崖、壁、寺庙、道院、园、松

资料来源：根据《清康熙湖广武昌府校注》“山水志”、“古迹志”整理。

在城镇中可以成景的风景要素类型非常多样。根据对《清康熙湖广武昌府校注》中武昌城镇风景要素的统计，风景要素几乎涵盖了从自然到人文景观的所有类型（表4-1）。风景要素类型的多样不仅反映古人对城镇环境观察得细致入微，也体现了传统城镇风景组织的特殊性。

首先，将自然山、水作为一个连续的风景序列根据其视觉形态和组织作用的差异进行要素划分，而不局限于山、水的形态与大小，是自然或人工的。因此，大到长江、黄鹄山，小到磨剑池的水、涌月台的石等都属于城镇风景要素的组成部分。

其次，传统城镇风景要素中人文胜迹的要素类型与传统城镇空间组织方式密切相关。传统城镇中城池、堤防、寺庙祠观、学宫，甚至舟船渡口、酒肆、茶楼等在与自然山水环境中与特定的气候、天象结合后生成综合的风景美感。比如，武昌城作为地方性行政和军事中心，重要的官衙与黄鹄山、凤凰山、崇府山等山峰建立起视觉和文化意义上的联系；洪山寺、头陀寺和长春观等寺庙祠观则为了强调宗教意义而选址于山水形胜之处，成为散布于城内外的风景点；武昌城池和长堤因地随形将城与江分隔开来，成为欣赏开阔江景的风景点；南浦和南草市位于内通汤逊湖和梁子湖，外连长江的水陆交通节点处，通过商业的发展而成为重要的风景游赏地。

（3）城镇风景特色的生成

1）山体功能社会化

武昌城内“州治及漕司皆依山”，城镇用地格局的形成并不仅是因为中国传统文化观中的山岳崇拜传统，才使得“王者尊而祭之”。从三国时期孙权在黄鹄山上建夏口城开始，黄鹄山便发挥“因山构城”的军事壁垒功能，刘宋时期黄鹄山上建郢洲治，宋代的万人敌城都是利用山体的军事壁垒功能。武昌城内黄鹄山、凤凰山、胭脂山、萧山、梅亭山的山体社会功能的演进经历了一个由单一功能向复合型功能转变的历程。首先，武昌城的风景名胜众多，主要集中在以黄鹄山山脉为中心的风景带上。黄鹄山的风景点众多，山麓还建有众多祠庙，如关帝庙、玉皇阁、杨公祠、胡公祠、头陀寺以及武昌城外黄鹄山余脉洪山的宝通寺等。其次，山的教育功能由来已久，相传从汉代开始黄鹄山东有东方朔读书处，宋代以后依山而建的官学、书院数量众多。再次，明清时期由于造园风潮兴盛，城内的黄鹄山、崇府山等山中还建有诸如“东山小隐”、“霭园”这样的山水别业。武昌城内山的社会功能从军事壁垒逐渐发展为风景游赏、祭祀、宗教活动以及教育和隐居逸情功能，详见表4-2。正是由于山体社会功能的不断复合化，使得原本以自然风景环境为主的山体实现了由风景基本空间向风景社会空间的过渡，并最终对武昌城镇风景空间形态的演进起到引导的作用。

2）街区平面格局异质化

通过考察清末宣统年间《武昌城镇图》（图4-9）可以看出，武昌城街区地块的划分在黄鹄山以北是相对匀质的。街区划分的匀质是因街道的布局顺应了城北山体的东西走向。再仔细比对同一时期留下的《湖北省城内外详图》（图4-10）就会发现，在相对匀质的街区地块中，存在众多街区平面肌理异质性的地块。这些表现出平面肌理异质性的地块主要集中在黄鹄山、凤凰山、崇府山和胭脂山的南侧山麓或山坡地上，包括各司府衙门、各寺庙祠观和学宫。由于受中国传统建筑布局强调“负阴抱阳”、“辨证方位”等思想的影响，依山而建的各类礼制宗教建筑群通过将各自的建筑组群轴线与其背靠的山体发生结构性关联，或对山峰，或依山谷，来组织各自的建筑组群空间，以此寻求其作为宗教礼制建筑所需营造的环境氛围。根据清代《黄鹄山志》的记载，就黄

武昌山体主要功能发展分析 表4-2

功能	先秦	汉	三国	晋	南北朝	隋唐	宋	元	明	清
军事壁垒			●	●	●	●	●	○	○	○
祭祀						○	●	●	●	●
宗教活动				○	○	○	●	●	●	●
风景游赏				●	●	●	●	●	●	●
教育		○	○	○	○	○	○	●	●	●
隐居逸情									○	●

注：○次要功能，●主要功能。

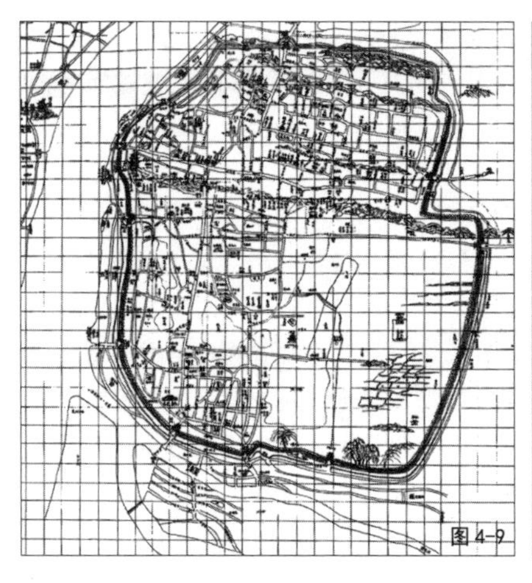

图 4-9 清宣统武昌城镇图
（资料来源：《武汉历史地图集》❶）

图 4-10 湖北省城内外详图
（资料来源：《武汉历史地图集》❷）

鹄山而言其山体南侧就集中了武当宫、城隍庙、泉署、府学、黄龙寺、罗李三公祠、曾文正公祠和湖南会馆等建筑群（图4-11）。由于各寺观、衙署的营建年代、规模均不相同，致使建筑群体沿山麓地块的排布间距和排布方式并不一致，呈现礼制宗教建筑以组群为单元沿山体南侧街区叠加发展的方式。建筑组群单元的叠加发展是一种开放式结构，它并不是从形成武昌城整体风景结构的角度出发，而是风景要素通过自发生长而形成的一种相对松散的地块组织方式。该方式有利于风景要素自身根据山体环境所提供的"旷"、"奥"条件，"因山就势"形成相对独立的环境关系。街区的平面组织较为松散，不像一般城镇街区由街道系统限定形成整体性强的形态结构。因此，临近山体街区地块的平面格局是非匀质的。这种用地组织方式使风景要素间的空间过渡与整合必须由山体来承担，以山体为中心的非匀质街区结构和城内一般街区的匀质结构产生风景形态上的对比，为城镇风景的形成奠定了组织结构的基础。

3）城、山形态同构化

吴庆洲提出形成中国传统城镇城郭形态的思想体系主要来自于三方面：一是《周礼·考工记》中规定的礼制传统；二是《管子》的自然主义营城思想；三是"象天法地"追求"天、地、人"三才合一的宇宙观❸。对于像武昌这样一个地方性都会城镇，其城郭的营建方式基本上体现了我国传统城镇的营建思想。城郭形态呈近似长方形，其形态主要受城郭外围的江河、湖泊等限定因素影响较多。从武昌城郭形态的演变中可以看出，从三国时东吴的

❶《武汉历史地图集》编纂委员会. 武汉历史地图集[M]. 北京：中国地图出版社，1996：43.

❷《武汉历史地图集》编纂委员会. 武汉历史地图集[M]. 北京：中国地图出版社，1996：33.

❸ 吴庆洲. 建筑哲理、意匠与文化[M]. 北京：中国建筑工业出版社，2005：343.

夏口城，到宋代的鄂州以及明清时期扩建江夏附郭，武昌城郭形态的演变始终围绕黄鹄山展开，黄鹄山成为武昌传统城镇城郭演变中的一条贯穿城郭东西走向的营城基准（见图4-11）。可以说，武昌城和黄鹄山形成了一种同构状态。

所谓同构是指对象之间或对象的系统之间的一种对应关系，表示它们在某种意义之下的系统结构相等❶。在武昌城这种同构性表现为城镇道路系统与山体空间关系的一种持续稳定性。在传统城镇中为了适应建筑物普遍南向布置的要求，街道网多形成以南北向道路为主要街道的格网形道路系统，以此作为城镇各重要行政、礼制、宗教建筑布局的框架。城镇中最主要的南北向道路通往城镇的中心，一般是官衙、钟鼓楼和学宫所在地。通过对比研究明代《湖广图经志》、清代《湖广通志图》、《江夏县志图》和晚清《武昌城镇街道图》后发现，不论武昌城内各重要的衙署机构和礼制宗教建筑如何更替，武昌城的传统城镇形态始终表现为“直街入城，城外延厢”的格局，见图4-12。武昌城入城的南北向直街有通往武胜门的武胜门正街和通往望山门的芝麻岭长街；东西向进出城的道路在城内线性并不显著，基本是沿着黄鹄山余脉向东部洪山、狮子山延伸。南北向道路是城镇的主要道路。这两条街道虽然在空间上并不正对，武胜门正街直指黄鹄山最高峰，而芝麻岭长街正对黄鹄山涧的南楼（鼓楼），但两条道路交汇于黄鹄山的东西两段山体的山涧处，一方面突出了黄鹄山的自然形态特点，另一方面也从城镇形态上表明了武昌城的城镇中心与黄鹄山的密切关系。因此，不论武昌城的礼制宗教、行政功能如何更迭，街区地块如何变化，以黄鹄山为城镇东西向轴线和以武胜门、望山门间街道为南北向轴线的这种城镇空间组织方式始终没有变化。这种城、山形态的同构性为传统城镇风景空间形态的生成提供了宏观尺度上的组织框架。

❶ 段进，季松，王海宁. 城镇空间解析：太湖流域古镇空间结构与形态[M]. 北京：中国建筑工业出版社，2002：59.

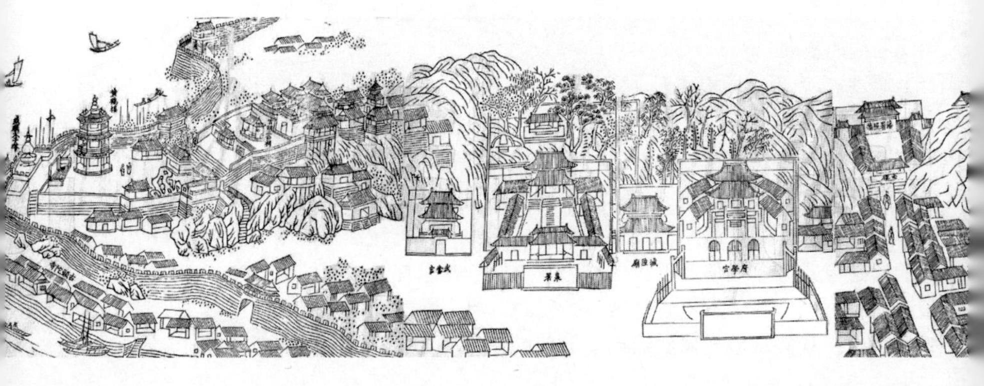

图4-11 清代黄鹄山图（资料来源：《黄鹄山志》）

图4-12 武昌省城街道图
（资料来源：《武汉历史地图集》❶）

❶《武汉历史地图集》编纂委员会. 武汉历史地图集[M]. 北京：中国地图出版社，1996：31.

4.2.2 就水构城：明清南昌

1．明清南昌基本概况

明清南昌位于赣江、抚河尾闾，鄱阳湖南岸平原内。城内地势低洼，湖塘众多，水陆相间，城郊河道湖汊纵横。自古以来渡口、驿站众多，水路交通十分便利。南昌城的选址主要从地理条件、交通条件、避免水患和攻守兼备角度出发，选择了“襟三江而带五湖，控蛮荆而引瓯越”的要冲之地。由于南昌水路交通发达，是途径中原和南越之间的交通要道，有“咽扼荆淮，翼蔽吴越”的地理形胜。在《禹贡》一书中将夏商周时期的南昌统称为扬州之域。汉代南昌开始筑城，因汉代筑城的陈婴将军而得名“灌婴之城”，是汉高祖希望“南方昌盛”进而平定南越“昌大南疆”的根据地。“灌婴之城”的规模不大，夯筑的土城周计十里共八十四步，旁六门[1]。在魏晋南北朝时期，伴随长江流域文化经济交流的加强，南昌城池规模进一步扩大。东晋时期豫章太守范宁对城墙做了较大规模的修整，在“灌婴之城”的西北隅重筑新城，城镇规模扩大到周回二十余里，共八门。唐代废豫章郡，改为洪州并建南都于此，洪都成为当时的江南一大都会。洪州城在此后的两百年间不断扩建增修，城池面积较晋代扩大了近四分之一。城内主要道路有南北向道路6条、东西向道路3条。连接城门的南北向道路是主要道路，将城市分为东西两部分，其中城西集中了主要的官府衙门，城镇内设南北二市。城内建筑稠密，宫苑寺庙众多，王勃在《滕王阁序》中描述唐代南昌城内的景象是“闾阎扑地”、“桂殿兰宫，列冈峦之体势”[2]。至宋代由于工商业繁荣发展，南昌城在唐代基础上进一步扩大，城内遍布商业店铺且大城之中设子城。城池面积为周回三十一里，辟十六个城门，其中有十一个城门都濒临章江。至南宋年间，出于城池防御的需要，城池东北一隅向内缩进三里，并废去北廓，城池只剩下十二座城门。元代的南昌城基本因循宋城。明清时期的南昌城城池规模进一步缩小，城池周回十四里，辟七门，城池规模较宋代的城池小了五分之二。

纵观南昌的城池建设，城郭的变化一方面因赣江河道的变迁而发生改变，另一方面也与社会发展需求相适应[3]。关于南昌社会发展的记录始于汉代，东晋人雷次宗在《豫章记》中描写了南昌城稻米蔬菜和铜铁制品“资给四境”的景象。经历了魏晋、南北朝的发展，至唐代由于洪都城是连接江南和岭南商道上的重要城市，是“夷夏之交”、“国用所系”的重要贸易城市，南昌城已经

[1] 张琳，王咨臣，彭适凡．南昌史话[M]．南昌：江西人民出版社，1980：5.

[2] 张琳，王咨臣，彭适凡．南昌史话[M]．南昌：江西人民出版社，1980：7.

[3] 袁雪．近代南昌的城市转型与城市建设的历史研究[D]．武汉理工大学，2011：13.

发展成荆楚地区重要的商贸城市。洪都城外章江边的码头停泊着大量的商贾船舶，韦丹在《南昌晚眺》诗中描写道："南昌城郭枕江烟，……落霞红衬贾人船"。宋代豫章郡是全国的造船业中心之一，这也更加繁荣了南昌城的漕运。章江内行船如梭，章江边的武阳渡、生米渡、黄溪渡，章江门外石头驿、广润门外南浦驿等都是著名的送别之地。交通的便利促进商业在滨江的码头驿站旁发展，商业街市集中在广润门、惠民门和进贤门内外，绳金塔一带也是闹市区。商业的繁荣促进了酒肆茶楼等休闲娱乐场所的发展，绳金塔和广润门一带是清末南昌人听戏喝茶的主要场所❶。南昌城的文化也很繁荣，早在魏晋南北朝时期，由于政治中心南迁，南昌城内讲学习气日渐兴盛。城内不仅设有大量的书院，主要集中在城南进贤门内和东湖畔，至清代南昌城仅官办的书院就有约10座（表4-3），城内还设有府学、县学、贡院等官办教育机构以及大量的社学、义学等，为南昌培养出了大量的杰出人才。

❶ 郑小江，王敏．草根南昌：豫章风物寻踪[M]．北京：学苑出版社，2006：32.

清代南昌城的官办学校 表4-3

名称	兴建年代	位置	备注
南昌府儒学	北晋	（明）洗马池东明堂路	宋代始建有祠堂、泮宫之制
南昌县府学	明代	县治东南，东湖之北，东东湖书院故址	文庙之制俱全
新建县学	明代	县治南侧	
东湖书院	宋代	东湖北岸百花洲旁	南昌县学规制
豫章书院	南宋	进贤门内	明万历改为豫章二十四先生祠
崇儒书院	不详	在钟鼓楼右侧	明代改为豫章先贤祠
友教书院	明初	东湖边澹台墓侧	内设祠堂祀澹台子羽在府学南
阳春书院	明代	进贤门内	
正学书院	明代	进贤门内，阳春书院旧址	南昌县学规制
经训书院	清代	在南营坊侧干家前巷	
洪都书院	清代	原建于龙兴观，后迁至南昌府学旁	
巾山书院	明代	下北冈	南昌县学规制
刘公书院	清代	东湖广济桥西北	南昌县学规制
元钧书院	清代	东湖吉祥庙右侧	南昌县学规制

资料来源：根据《南昌史话》、《同治南昌府志》、《嘉庆重修大清一统志・第十九卷》整理。

2. 明清南昌城镇风景名迹

（1）城镇风景述要

在地理环境上，南昌府城最大的特点是地势平坦，滨湖靠江、水网密布。城内有东湖、南湖、西湖和北湖等风景湖泊，城外还有军山湖、青岚湖、瑶湖、金溪湖等湖泊；主要河流有赣江、抚河、锦江和潦河。南昌城呈现水天合一的风景环境面貌，雷次宗曾总结过南昌的风景环境特点是“豫章水路四通，山川特秀”[1]。

南昌城的自然和人工水环境为南昌城镇风景提供了物质条件。首先，南昌城的自然环境特点可以用“九洲十八坡”来概括[2]。虽然“十八坡”已无从考证，但可以说明当时的南昌城地形是有起伏的。城外最著名的高地是位于城北的龙沙冈，是由赣江和抚河搬运的石英砂沉积而成的白色阜堆，蜿蜒五六里，形状如龙蛇形。自汉以来，龙沙冈便是南昌城北最高之处，据《太平寰宇记》中记载此地是南昌旧俗中重阳节登高之处。孟浩然有诗云：“龙沙豫章北，九月挂帆过”。在唐代龙沙冈上建有龙沙亭，至宋代建有列岫亭，是眺望章江对岸西山峰岭的最佳之处。南昌城外的“九洲”主要是指城镇西侧章江江畔的九个沙洲，是历史悠久的舟驿码头和风景游赏之地。由于南昌城外滨江地带视线开阔，著名风景游赏地南浦亭、滕王阁、绳金塔和塔下寺都建于城外江岸边，以俯瞰章江和眺望西山美景。其次，自唐代开始，南昌城内的东湖水系就成为城内著名的风景游赏地，张九龄有诗云“郡庭日休暇，湖曲邀胜践”[3]。由于明代南昌城是藩王封盛之地，贵族与士大夫畅游东湖之风更盛，“流连光景，……几与西湖争胜”[4]，东湖水系成为城镇内主要的风景区。东湖中的三个小岛，因南宋时隐士苏云卿在此隐居而得名“苏公圃”，经宋、明、清三代不断修建而成为城内著名的公共园林。清代的熊为霖在诗《百花洲和韵》中写道：“云满纱窗月满廊，清华水木动沧浪”[5]，就描写了百花洲的美景。

（2）明清南昌的典型风景

虽然清代《江城名迹记》中南昌“八景”题咏有明曾棨的“南昌八景”和明末清初胡顺庵的“豫章十景”之别，但所咏景观却基本相同。“八景”题咏中“西山积翠”、“洪崖丹井”、“铁柱仙踪”描绘的是城外西山的景致，“南浦飞云”、“滕阁秋风”、“章江晓渡”、“龙沙夕照”反映的是城郊章江、抚河的风景，而“徐亭烟树”、“苏圃春蔬”、“东湖夜月”则反映了城内东湖水系的景色。

明清南昌“八景”题咏承载了古人城镇生活不同层次的精神

[1] 郑小江，王敏．草根南昌：豫章风物寻踪[M]．北京：学苑出版社，2006：1.

[2] 郑小江，王敏．草根南昌：豫章风物寻踪[M]．北京：学苑出版社，2006：76.

[3] 东湖区民间文学集成办公室．南昌民间文学丛刊：百花洲[M]．1986：83.

[4] （明）日本藏中国罕见地方志丛刊．（万历）新修南昌府志[M]．北京：书目文献出版社，1990：605.

[5] 东湖区民间文学集成办公室．百花洲[M]．1986：101.

需求，赋予南昌自然山水和生活景象以不同的文化意义。《水经注》中提到西山的景观特点为“叠嶂四周、杳邃有趣”，古人通过在南昌城内登高远眺西山的“四时苍翠”，入山赏“万壑寒光”、“涧泉长绕”，体味西山的爽气与山泉的清冽，来摆脱尘世生活的凡俗。南昌城外章江、抚河具有“山原旷其盈视，川泽纡其骇瞩”的景观特质，古人临水望山景的平远、深远之美，赏章江、抚河二水夹流于城际之势，在帆影参差和江色苍茫中体味因时空变幻而带来的临观之美。城内东湖水系自唐代便是公共园林，湖畔亭台垂柳、湖面渔艇钓丝使古人虽处闹市仍可保有“清景复悠悠”的闲适心态（图4-13）。

（3）明清南昌风景名迹类型

《江城名迹记》和《南昌府志·名迹》共记载明清时期及以前南昌城内和城周主要历史名迹约260处，根据名迹在文本景点描述中出现的频次，统计对明清南昌城镇风景产生主要影响的景点并剔除频次为1的名迹，得到明清南昌城代表性名迹共60处（表4-4）。

首先，滕王阁和东湖在文本中被提及的频次最高，是南昌的特色风景。其次，由于南昌拥有“吴头楚尾”的文化区位、拥有“楚国好巫”的大众文化特色，祠庙众多、寺观林立；再加之它是南昌府的府城所在地和宋明理学的重要发源地，南昌城内官衙众多，书院、社学和官办教育机构也很多。因此，景点中除了包含附属于府邸、寺庙的私园和亭台楼阁堂轩池等传统园林游赏点外，还囊括了许多在南昌城镇空间组织中具有重要影响的王府、寺庙祠观、书院儒学、城门、驿站等。

3．明清南昌风景名迹的特征

（1）方志中风景名迹的空间特征

进一步解读《江城名迹记》和《南昌府志·名迹》对风景名迹环境特征的描述发现，在明清南昌城镇空间中存在多个方位参照焦点（表4-5），根据词频由高至低排序分别为：东湖、城门（墙）、寺观祠庙、书院儒学、居住街区和衙署。古人在描述风景名迹与东湖空间关系时多使用“滨”、“傍”、“东西南北”和“上”、“内”，描述与城门、居住街区空间关系时多使用“内”、“外”，例如杏花楼、褒贤阁、临湖阁“在东湖傍”，望江亭“在府城东湖之西，临城上”，说明东湖、城门和居住街坊相较于点状分布的风景名迹而言是一种重要的区域性空间参照。古人在描述名迹与书院儒学、寺庙祠观和衙署空间关系时多使用“前后左右”和“东南西北”这类方位词，例如“聚奎楼在贡院前”、“督学名臣祠在校士公署后”，

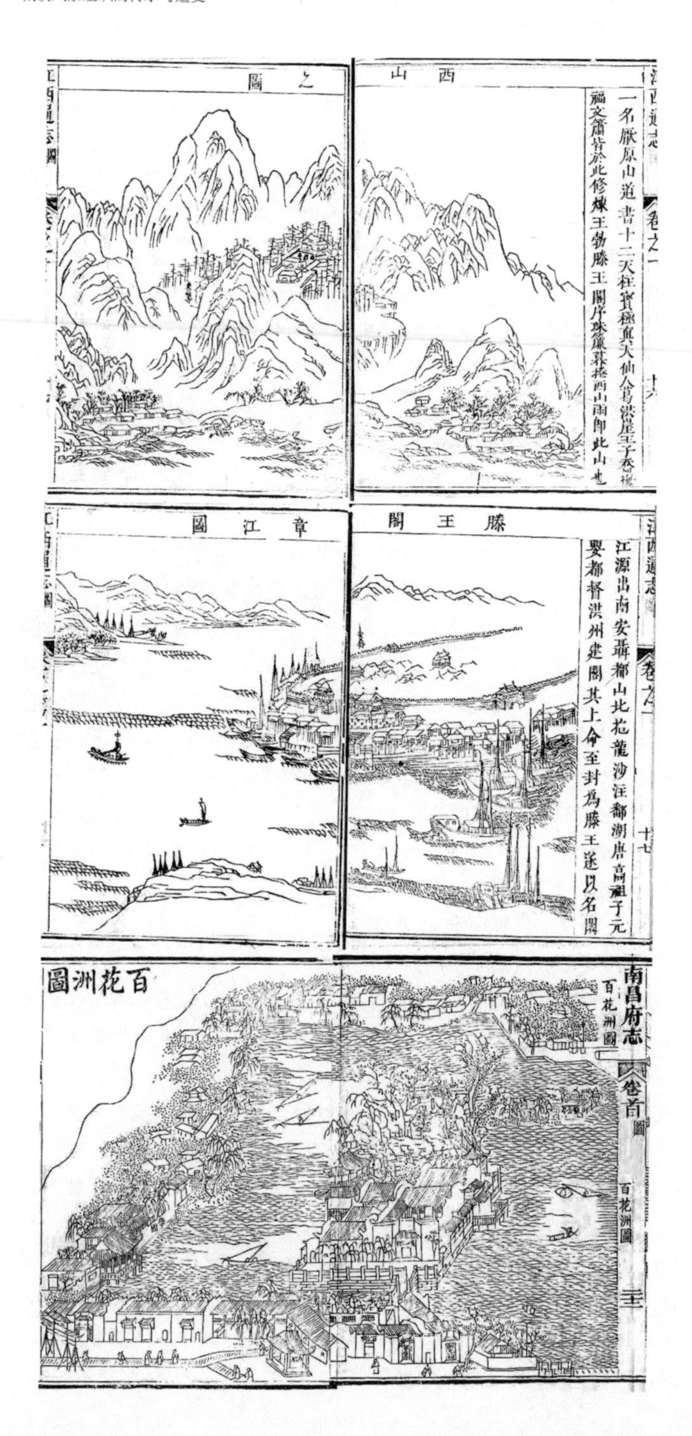

图 4-13 西山、滕王阁、百花洲图
（资料来源：清康熙《江西通志》）

明清南昌名迹一览表 表4-4

频次	南昌人文胜迹名称
10以上	滕王阁（60），东湖（50）
8	南浦亭，紫极宫
7	新贡院，永宁寺
6	（周）澹台灭明墓，龙光寺
5	松阳门，大节祠，城隍庙，总持寺，豫章台
4	开元观，石亭寺，旌忠祠，杏花楼，吏隐亭，榆溪
3	章江寺，天宁寺，圆觉寺，忠臣庙，江东庙，苏公祠，旧贡院，东湖书院，正学书院，豫章沟亭，倦壳轩，投书渚，芙蓉园，乐园
2	双门，宁王府，阳春书院，新建县儒学，宣妙寺，绳金塔寺，延庆寺，陈司徒庙，龙兴观，澹台祠，武阳祠，灌园庵，慈云庵，聚奎楼，睡仙楼，物华楼，钟鼓楼，椟家楼，梅君堂，双泉堂，半舫斋，孺榻轩，列岫亭，龙沙古墓，（汉）徐稚墓，艮园，放生池

资料来源：根据《江城名迹记》和《南昌府志・名迹》中相关资料整理。

明清南昌名迹方位参照点 表4-5

	东湖	城门（墙）	寺庙祠观	书院儒学	坊市	衙署
名称	北岸百花洲、东湖南小洲	广润门、双门、章江门、进贤门、德胜门、东南敌楼、西南斗门	总持寺、大忠祠、石亭寺、温忠武祠、龙光寺、开元观、玉虚观、城隍庙、绳金塔	正学书院、崇儒书院、府学、贡院、东湖书院、故宗濂书院	锦衣坊、修仁坊、崇梵坊、大成坊	校士公署、新建县治、郡治
频次	28	17	12	10	7	5

资料来源：根据《江城名迹记》和《南昌府志・名迹》中相关资料整理。

说明礼制旌表类建筑是一种重要的点状空间参照，具有中心性。

（2）方志舆图中风景名迹的意象特征

古代方志舆图与古代绘画同源，通过形象化图像要素表达古人对城镇空间组织的普遍认识，因专注于描绘“有意味的形式”而被认为是一种意象地图❶。因此，解读方志舆图可以索像于图，通过解读图像要素蕴含的“有意识的选择”来提炼意象特征，摆脱纯文本研究带来空间想象无法落实的问题。

考察明嘉靖《江西会城图》和清同治《南昌府治图》，除了城

❶ 杨宇振．图像内外：中国古代城市地图初探[J]．城市规划学刊，2008，174(2)：83-92.

墙、街坊、道路之外，图中重点描绘了散布在水系周边的学宫、书院、庙宇、亭楼阁等（图4-14、图4-15），说明这些名迹与水系形态的相互关联对城镇空间组织具有重要作用。进一步对照笔者根据明清南昌人文胜迹绘制的名迹分布图（图4-16），可见水系周边的名迹呈较分散的组团式分布。南昌城内众多的湖塘和城外纵横的港汊作为重要的环境景物制约而影响城镇风景的分布。

根据前述对明清南昌方志艺文和方志舆图的意象解读，从城镇风景的类型来看，明清南昌风景名迹与影响传统城镇公共生活的重要空间节点具有高度的关联性；从风景名迹的空间分布来看，风景名迹的分布特征具有差异性，水系作为一种独特的空间形式使围绕其分布的名迹形成了一种相对异质性的空间组团。

4．明清南昌城镇风景组织

（1）水系与用地调整

明清南昌城风景环境的形成与水道疏通和堤防的兴修关系密切。南昌“城中荡水者为三湖”❶，雷次宗在《豫章记》中写道“州城西有大湖，北与城齐”❷。由于东汉筑城时，将东湖包入城内，东湖的风景面貌在城镇建设和水利疏浚的影响下不断发生变化。东汉时期东湖水面大约为“十里二百二十六步”，郦道元称其为东

❶（明）日本藏中国罕见地方志丛刊：（万历）新修南昌府志[M]. 北京：书目文献出版社，1990：613.

❷ 庄检平. 南昌市城市分形研究[D]. 江西师范大学，2007：18.

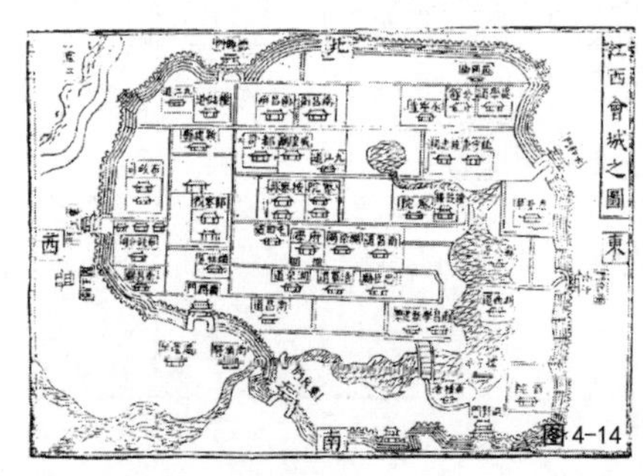

图 4-14 明嘉靖江西会城之图
（资料来源：明嘉靖《江西通志》）

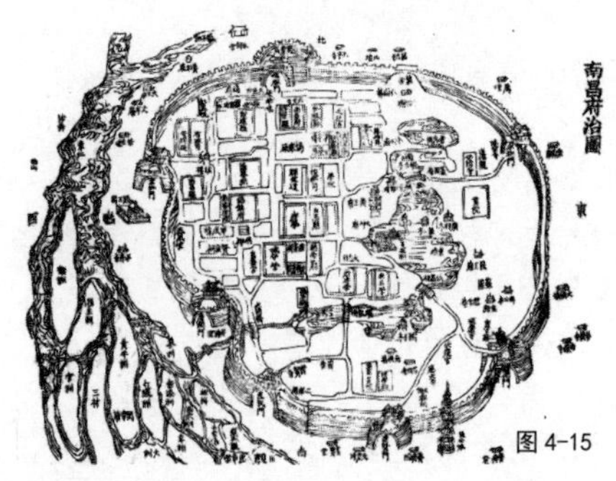

图 4-15 清同治南昌府治图
（资料来源：清同治《南昌府志》）

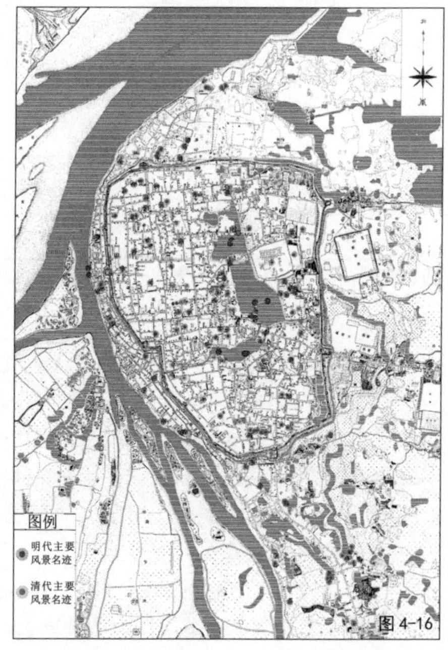

图 4-16 明清南昌城历史名迹分布图
（资料来源：根据《明清南昌城复原研究》改绘）

太湖。太守张躬在城内筑堤以通南路，将原本的低洼积水地带改造为一个湖泊。魏晋南北朝时期，南昌城池向西扩展，太守蔡廓起西堤开塘，并修筑水门。唐代刺史韦丹更是疏通城内湖塘约598处❶，并在水关桥内外设置水闸以调蓄城内东湖的水量，并沟通了城镇西侧的章江和东侧的贤士湖和青艾湖水道。城外章江边还加筑了江堤十二里，称为韦公堤。东湖沿岸遍植柳树，湖面荷花满池、湖岸丝柳成行。万恭在《南昌县儒学记》中记载了唐代东湖沿岸的田园景象，“唐人始于东湖洲渚中，编竹室绳枢以居俄，乃鳞聚环湖者若栉”❷。由于唐代的水利修建，使得东湖湖面不断缩小，至宋代只有方圆五里的水面。宋代为了防止“东湖水溢”，城内开凿了一条人工排水渠——豫章沟，将城内大湖的水从城东引出城外。豫章沟旁也广植垂柳，春季荠花遍地，草木芬芳，环境幽静。宋代豫章节度使张澄在东湖内演练水军并建讲武亭，此后湖边的亭榭楼台逐渐增多，东湖风景日盛。明代南昌城内“三湖九津”环城排水系统建成，有效预防了“东湖水溢”又保证了湖水的清澈，使得东湖水系的风景更胜。

对比清同治《南昌府志》“三湖九津图”（图4-17）和清光绪三十一年（1905年）的城镇测绘图（图4-18），可以看出南昌城的水系脉络与城市用地划分是一种相互适应的关系。东湖水系将城市用地分为西北和东南两大部分。城内西北部用地通过九条人工水道“九津”（五行津、五事津、八政津、三德津、稽疑津、庶徽津、五福津、归极津和五纪津）将城内水道与城濠相连，沟通城内外水系。《复豫章城三湖九津水道碑记》中也写道“三湖九津水道悠悠洋洋六百里，而始浮于江”❸。这些人工水道采用暗沟的方式来沟通，“固以石，栏之以铁栅，沟道以通行人，覆之以石，而

❶ 张琳，王咨臣，彭适凡．南昌史话[M]．南昌：江西人民出版社，1980：46.

❷（明）日本藏中国罕见地方志丛刊．（万历）新修南昌府志[M]．北京：书目文献出版社，1990：549.

❸（明）日本藏中国罕见地方志丛刊．（万历）新修南昌府志[M]．北京：书目文献出版社，1990：614.

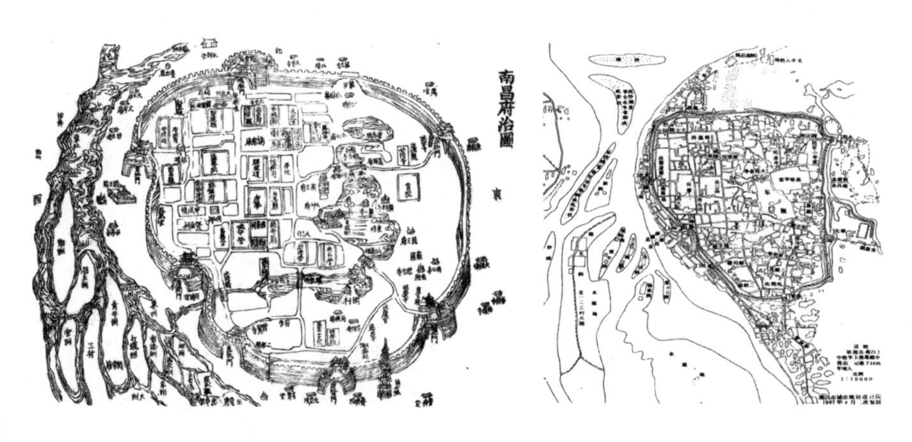

图4-17 清同治南昌府三湖九津图（资料来源：清同治《南昌府志》）

图4-18 清光绪三十一年南昌府城图（资料来源：《南昌市城市形态研究》❹）

❹ 庄检平．南昌市城市形态研究[D]．江西师范大学，2007：30.

上平如砥”❶。西北部地区为主要衙署和坊市，“九津”脉络和路网都按传统规划形制采用棋盘式布局。城内东南部用地通过豫章沟，将城内水体和城外章江、青山湖、贤士湖相连。东南部地区为南昌附郭地带，水道脉络形态自然，相应的路网形态也较为自由。

“三湖九津”水系脉络的形态决定了南昌城镇用地的划分，反映出城镇结构顺从水系的肌理，“就水构城”是一种城、水形态的同构关系。在这种同构关系中，东湖水系是城镇结构组织的关键要素。库德斯曾说过：“城镇结构塑造的重点可以通过有意识地干扰或引入另一个结构系统来表现”❷。南昌城内“三湖九津”的水系脉络相对于因礼制要求而较匀质、规整的城镇结构系统来说是另一种结构系统。这种组织结构上的差异可以突出造成差异的核心要素，从而生成空间的重点。

（2）水系空间功能的演化

东湖水系滨水功能由最初的农业功能发展出政治、宗教活动、文化教育、风景游赏和隐居逸情等多样化的社会功能。

首先，东湖水系属于南昌城附郭地带，唐代东湖沿岸是农业用地，所谓“编竹室绳枢以居俄，乃鳞聚环湖者若栉”。明代湖畔尚有不少空地，明万历《新修南昌府志》中记载“其旁多隙地，寔可架屋”，为日益增多的文化、宗教场所选址于此提供了条件。

其次，风景游赏活动促进了滨水社会功能多样化。自唐代始，东湖水系就是著名的风景游赏地，张九龄有诗云“郡庭日休暇，湖曲邀胜践”。明代南昌是藩王封盛之地，贵族与士大夫畅游东湖之风更盛，“流连光景，……几与西湖争胜”。《百花洲诗》中曾描写道“十里湖光绕画廊，百花深处到沧浪。……酒阑坐向禅灯尽，数杼青砧落半塘”。酒肆茶楼等休闲娱乐场所散布在东湖西岸百花洲畔，使东湖西岸的用地成为城内公共休闲活动场所。

再次，东湖水系的景色相较于城外西山的奇、章江的旷，更具秀、隐的风景特质，使古人虽处闹市仍可保有闲适的心态。因此，湖畔历代曾建有“涵虚阁”、“临湖阁”、“褒贤阁”、“杏花楼”、“东湖草堂”等名胜，佑民寺、澹台祠、钟鼓楼、东湖书院、贡院等重要宗教文化场所以及皆春园、北园、东园等私家宅园。

（3）水系空间的文化权利

在明清的方志艺文中，东湖水系具有如下的美学特征：

首先，表现为空间的开阔。明万历《新修南昌府志》中记载“城中荡水者为三湖”、“人行湖边，颊大明镜，荷花十里”。

其次，表现为空间的疏朗。东湖水系因视线开阔而成为城内

❶（明）日本藏中国罕见地方志丛刊.（万历）新修南昌府志[M]. 北京：书目文献出版社，1990：614.

❷（德）库德斯. 城市结构与城市造型设计[M]. 秦洛峰，蔡永洁，魏薇译. 北京：中国建筑工业出版社，2006：81.

眺望城外西山的重要场所。《望江亭记》中记载“会城雉堞颇低，东湖沿城一带皆可以眺望江山弃平”，《徐高士祠记》中写道“傍眺城阙，平湖千亩，凝碧于其下，西山万叠，倒影于其中”。

再次，表现为环境的清幽。东湖水系拥有“清景复悠悠”的环境特点，符合古人的环境审美取向。《清军察院记》中记载清军侍察院迁址于湖边因其“峙尘空嚣寂，具执法者肃清之所哉”；《江西贡院记》中记载选址湖边因其“澄流涵抱，地位廓清，风气攸翠……地无易于此”；《杏花楼记》则记载“四面苍波翠影环抱，寂无左右邻居”。

方志艺文中东湖水系表现出开阔、疏朗的空间特征和“空、澄、静”的风景特质，满足了古人追求宁静、淡泊、清远的心理诉求。李泽厚在《中国古代思想史论》中指出在古人的意识形态中“感性自然界和理性伦常是相互渗透和吻合一致的”，以审美代替宗教，“以美储善”来建立人生最高境界❶。宋明理学的道德境界就是审美境界。因此，东湖水系的美学意象与古人的道德境界得以重合，水系空间传达出的空间意象融合了古人的心境和情感以及对时间永恒意义的追求，从而使水系在城市空间组织中拥有了某种“文化权力”❷。

4.2.3 据水为守：明清荆州

1．明清荆州城镇基本概况

清代顾祖禹对荆州的地理环境作过评价，“湖广之形胜，以天下言之，则重在襄阳；以东南言之，则重在武昌；以湖广言之，则重在荆州”❸。但此处所说的荆州是一种区域概念，是《禹贡》中将国土划分成九州中的一州。江陵自东汉、三国时期以来一直是荆州地区的首邑，而荆州以城镇的名字出现则在东晋之后，荆州和江陵长期处于“一城二名”的状态❹。

荆州位于长江中上游地段，江汉平原中部，自秦汉以来就古驰道、驿道纵横，拥有“据三楚要害，为七省通衢”的交通便利。荆州的地理条件除了具有重要的军事意义之外，水路交通的便利使荆州地区成为古代著名的商业都会，南北朝时得名“江左大镇”，与扬州齐名，明末时更是“舟车辐辏，繁盛甲宇内，今之京师、姑苏皆不及也”❺。自楚王建郢城以来，秦、西汉、东汉、三国、晋、南北朝约有6个朝代曾在此建都。自隋唐至明清，荆州一直是长江中上游地区的中心城市之一。

荆州的城址几经变更，城池建设也在自然地理条件、政治风

❶ 李泽厚. 华夏美学[M]. 天津：天津社会科学院出版社，2002：224-226.

❷ 鲁西奇. 中国历史的空间结构[M]. 桂林：广西师范大学出版社，2014：330.

❸（清）顾祖禹. 读史方舆纪要·卷七五·湖广方舆纪要[M]. 上海：上海书店出版社，1998.

❹ 张世松. 三国时期荆州城的考古发现及其相关的问题[M]. 三国演义学刊，1999.

❺ 湖北省江陵县县志编撰委员会. 江陵县志[M]. 武汉：湖北人民出版社，1990：1.

云变幻和经济活动兴衰的影响下，大致可以分为：楚都纪南城、汉晋荆州城、唐宋江陵城和明清荆州城四个阶段。楚都纪南占地面积约16km^2，城池呈方正形，全城分为东南部宫殿区、东北为贵族居住区、西北部为平民居住区、西南部为冶炼作坊区、中部为手工作坊商业区。楚都纪南城的商业很繁华，出现了商业列肆的分化，如“刀俎之肆”、“屠羊之肆”等。城外沿荆江建有官船码头和临水的渚宫（图4-19）。

秦代白起拔郢，另筑郢城于原纪南城南，城垣呈正方形，由黄土夯筑而成。汉代临江国刘荣、三国时期关羽在荆江边原渚宫处造城。晋代安西将军桓温将三国时关羽所筑的新城与汉代古城合为一体，并在城中建设了内城“金城”。南北朝时，梁朝因建康遭到“侯景之乱”的破坏，将都城迁至江陵，江陵城垣也参照故都建康的形制进行了大规模扩建。隋代江陵的政治地位上升，被视为“国之南门”。唐代设荆州督，建江陵府，使江陵成为与长安、洛阳齐名的三大都城之一。“安史之乱”后，江陵成为全国五大商业城市之一，城镇规模快速扩大“井邑十倍于初”。杜甫有诗云：“地利西通蜀，天文北照秦。风烟含越鸟，舟楫控吴人”。宋代，江陵仍是“商贾必由之地”，元代改江陵府为上路总管府，是长江中游的政治中心。南宋江陵城池得到全面修复，城周长约3100丈，全部为砖石结构，江陵凭借坚固的城墙与金军对峙90年。元代江陵城垣被拆毁。明代的江陵是全国九大关市之一，号称“七省通衢”，城池也依宋代旧址重建，但规模缩小很多，城墙更高、城濠更宽、城垛更多。城池周长3000余丈，高2丈6尺，有6个城门和完善的城濠系统。明末农民军起义，江陵城池被毁大半。清代顺治年间重修了城郭，城镇规模和风格基本上沿袭了明代风格。康熙年间，为加强荆州的驻防，江陵设将军府，并在城中修筑了一道横墙，将城池隔为东西两城，东城为军事要塞“满城”，西城为一般百姓居住地“汉城”，江陵城一城两治。历经明清两代逐渐完善的荆州城墙、城楼、城门和城壕系统是目前我国南方保存最完好、规模最宏大的一座古代城垣（图4-20）。

荆州城池建设几经兴衰，荆州的社会发展也同样几经繁荣。与湖广地区其他地方政治中心城镇相同，荆州城内各类府衙、寺庙和商业发展也经历了由少到多的一个积聚历程。隋唐时代江陵城内除了建有一般的衙署之外还建有王宫、尹府、节度使、转运使等大型官邸、园林和宅院。城外的南北两郭也一派繁荣。城南长江岸阜上酒肆众多，“堤下连樯堤上楼”、“酒舍旗亭次第开”；

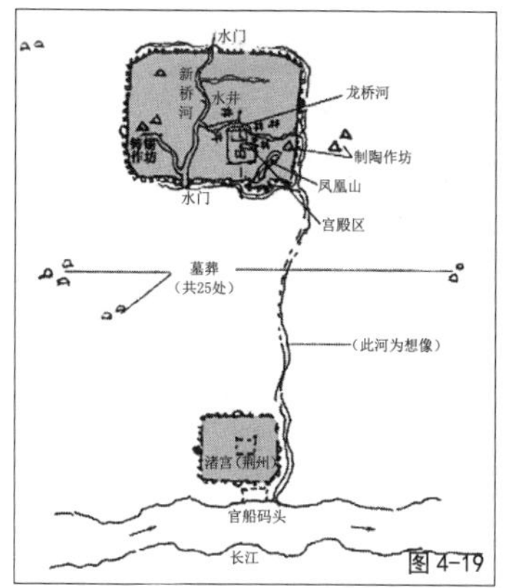

图 4-19 荆州城址变迁图
（资料来源：《中国城市规划史纲》❶）

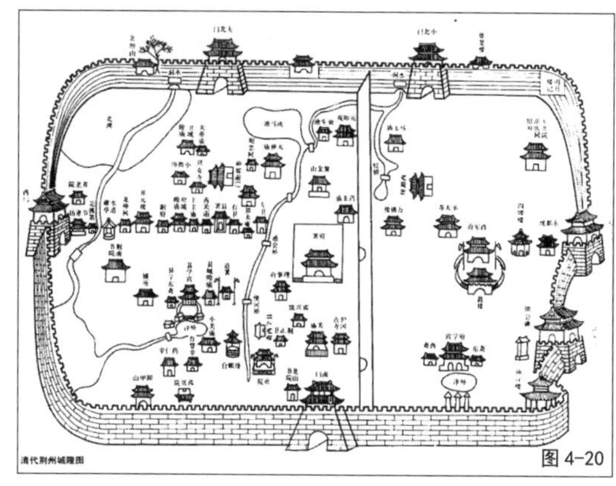

图 4-20 清代荆州城隍图
（资料来源：《江陵》❷）

城北的官道旁也是“十里届宾馆，徽省匝妓宴”，不少民间交易场所设在以旧城为中心线向外辐射的官道两旁。城内外寺庙、道观的数量众多，龙光寺、菩提寺、庄严寺、开元观和玄妙观是当时著名的寺庙。宋代商业活动得到长足的发展，城内沿东门、西门和南门大街都形成了商业街；城外在沙市、赤岸、俞潭、湖溪镇等市镇形成了草市。由于宗教盛行，荆州城内寺庙数量众多，仅宋代就新增道观10所、寺庙43座❸。明代的江陵城是明宗室的藩封重地，先后有三代藩王和他们的子嗣世袭王封于此。因此，明代江陵城内王宫林立，朱门连甍，湘王府在城西北、辽王府在城西南、惠王府在城中部偏北，形成了城中有城的格局。城内衙署众多，除了县衙、府衙之外，还有布政司、按察院、推官厅、课税司、荆南递运所等机构。清代由于将独立的军事管理中心设在“满城”使得城西的“汉城”内各类司衙较前朝数量更多和密度更大（图4-20）。明清时期荆州的文化教育形式也多样化，除了官学如江陵县学、荆州府学以及义学之外，还有私人创办的书院，其中著名的有龙山书院、荆南书院、辅文书院等为荆楚文化的发展起到了推动的作用。明清时期荆州的宗教也空前繁荣，城内外坛庙祀观数量众多，至乾隆年间就已达到117座❹。寺观坛庙广泛分布于城厢内外，街道两侧、城内外水系周边、城门内外甚至连城外大堤之上也因镇守和祭祀的需要而建有寺庙。荆州的商业中心位于城中鼓楼附近，城中东西向的大十字街和小十字街也商铺林立。城外的观音垱是粮食、水产集散地，沙市镇则因商业兴盛在清晚期超过荆州城，光绪《江陵县志》中记载“向晚蓬灯远映，照耀如白昼”❺。清晚期由于帝国主义入侵，荆州城外的市镇沙市

❶ 汪德华. 中国城市规划史纲[M]. 南京：东南大学，2005：51.

❷ 萧代贤. 江陵[M]. 北京：中国建筑工业出版社，1992：48.

❸ 贺杰. 古荆州城内部空间结构演变研究[D]. 武汉：华中师范大学，2009：29.

❹ 贺杰. 古荆州城内部空间结构演变研究[D]. 武汉：华中师范大学，2009：48.

❺（清）蒯正昌，（清）吴耀斗修.（清）胡九皋，（清）刘长谦纂. 卷三・山川. 光绪续修江陵县志[M]. 南京市：江苏古籍出版社，2001.

图 4-21 荆州地区全图（资料来源：清光绪《江陵县志》❶）

❶（清）蒯正昌，（清）吴耀斗修.（清）胡九皋，（清）刘长谦纂. 光绪续修江陵县志[M]. 南京市：江苏古籍出版社，2001.

被迫成为对外通商口岸。沙市作为港口和商业市镇的地位迅速取代了荆州，荆州城池走上了近代衰落的道路。

2. 荆州城镇风景述要

荆州地处江汉平原西南隅，境内自然条件优越。北有洪山，西有荆山、武陵山余脉，长江、汉水、荆江从境内穿过。以楚都故城纪南城的遗址为界，荆州地域西北属丘陵地貌，中部、东南部地区为平原湖区。由于江汉平原和洞庭湖平原是上古时代大湖云梦泽依托的故地，因区域造山运动的影响，地面不断塌陷、泥沙淤积而逐渐消失。湖区深处形成湖泊，浅处淤积成平原并因冲积形成众多分汊水系（图4-21）。因此，荆州地域一派泽国水乡的风景景象。据清乾隆年间《江陵县志》记载，荆州城区附近有大小湖泊约40多处，但据民国36年（1947年）记载的湖泊数量约为96个。对荆州城镇风景影响最大的湖泊是城外东北方的“三海”。《读史方舆纪要》中记载：“江陵以水为险。孙吴时引诸湖及沮漳水浸江陵以北地，以拒魏兵，号为北海”❷。三国至宋代，荆州城均采用以水为守的策略。《宋史》中记载：“荆州为吴、蜀脊，高保融分江流，潴之以为北海，太祖常令决去之，盖保江陵之要害也”。北宋宁宗时的湖北安抚使刘甲认为荆州北部的湖泊水系对保卫荆州的安危起到十分重要的作用，于是在荆州城北筑堤形成“八

❷（清）顾祖禹. 读史方舆纪要[M]. 北京：商务印书馆，1937.

柜”，引江水灌入形成人工湖“三海”。荆州城北的“三海”水面积很大，称号三百里“渺然巨浸”。因此，荆州城外风景特点可以概括为：城西有八岭绵亘，东有四湖浩荡，南有滔滔大江，北有莽莽平原。八岭山虽不高却陡缓有致，岗峦起伏，草木茂盛，溪水潺流；长江奔泻西来，十回九转；长湖、三湖、白露湖水天一色，荷花满浅池，渔歌唱晚，一片田园景色。

3. 明清荆州城镇风景组织

作为一座“以水为守”的城镇，荆州城的风景与水环境关系十分密切。城镇风景与荆州水环境的防御、梳理以及欣赏息息相关，具体来说体现在以下几个方面：

（1）大堤的风景线索性

在荆州城池的历代演变中，荆州的大堤与城镇的发展始终关系密切。《荆江大堤志》中写道：“大堤分筑于东晋，合修于明末，增高培修于前清。”《水经注·江水》有云：“江陵城地东南倾，故缘以金堤，自灵溪始。”荆州地区共修有金堤（寸金堤）、沙市堤、高氏堤、万城堤等多段大堤。至清末，堤线共长124km，保护范围包括荆江以北、汉江以南，东至武汉、西至沮漳河的广大平原地区。清《江陵县志》中写道“江陵以堤为命”，荆江大堤是荆江北岸平原的屏障。荆江大堤上起江陵的枣林岗，下至监利城管南门，全长182.35km。东晋荆州刺史桓温在堆金台一带修筑“金堤”，开始了荆江大堤的筑堤历史。宋荆州太守郑獬筑沙市堤，南宋在沙市盐卡一带筑黄潭堤，在荆州西门外的斗门筑“寸金堤”连接沙市镇。明代在荆江最后一个穴口郝穴处筑堤，使得荆江大堤自堆金台到拖茅埠连成一体，见图4-22。大堤作为一种避水设施一方面保障了荆州地区城镇的安全，另一方面也成为荆州地区社会空间发展的一项重要凭借。

大堤的修筑促进其沿岸的港埠社会活动增多，大堤也成为古人欣赏江岸风景的场所之一。唐代刘禹锡在《大堤行》中就描写了中唐时代荆州江岸的风景“春堤缭绕水徘徊”，“酒旗相望大堤头”，南宋的范成大也在《发荆州》中写道“沙头沽酒市头暖”。明代的江陵“八景”诗中的虎渡春涛、金堤烟柳、渚宫夜月、沙市晴烟和清代“八景”诗中的龙山秋眺、沙津晚泊、虎渡晴帆都是描写与荆州大堤有关的风景。大堤沿途分布有荆州地区古聚落遗址，万城堤段的万城、枣林岗附近的阴湘城、襄堤段的堰月城，以及与镇水文化有关的祭祀旌表设施，李埠堤段有清代铁牛，沙市堤段有万寿宝塔、文星楼，滩桥堤段有观音寺，郝穴堤段有铁牛、仙鹤亭等，见图4-23。

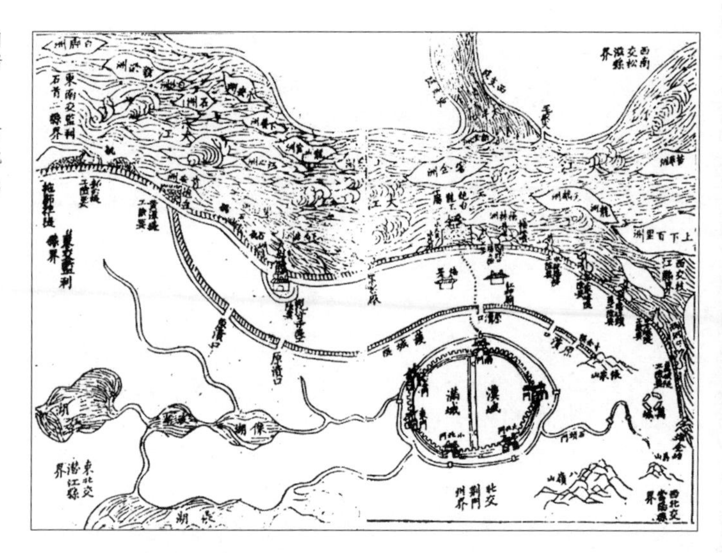

图 4-22 荆州提防全图（资料来源：清光绪《江陵县志》❶）

❶ 吴庆洲. 中国古城防洪研究[M]. 北京：中国建筑工业出版社，2009：231.

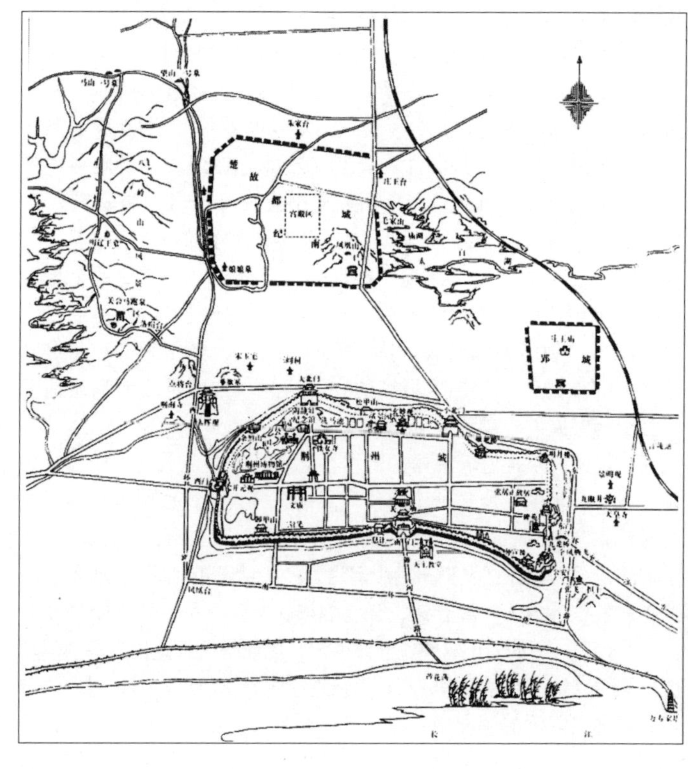

图 4-23 荆州风景名胜分布示意图（资料来源：《江陵》❷）

❷ 萧代贤. 江陵[M]. 北京：中国建筑工业出版社，1992：89.

虽然荆州地区的城镇社会空间依托大堤发展，但历经数代荆州大堤仍然保持自然风景的特色。究其缘由，一方面是因为荆州大堤从开筑伊始就与农业生产相关。荆江大堤肇始于楚庄王时代，当时提倡在沙丘陆地上筑堤围垸开垦垸田，所谓“宣导川谷，陂障源泉，堤防湖浦，收九泽之利”。历代围垦所形成的堤垸很多，《江陵县志》中说“大垸四十八，小垸一百余”。这些垸田是荆江大堤的前身。另一方面，由于大堤的主要功能是隔水，历代荆州城的管理者出台过一系列政策禁止大堤上的一切建设行为，例如清代《万城堤上新垲碑记》中写道：“堤上造屋，向有明禁，乃一律拆去”❶。因此，至清代大堤的风景仍然以自然风景为主，大堤之外江水壮阔奔腾，大堤之内平原广袤。

❶ 江陵堤防志编写委员会. 江陵堤防志[M]. 江陵：江陵堤防志编写组，1984：1658.

可以说，大堤是荆州地区自然风景环境的组织线索，起到串联和引导荆州地区城镇风景空间单元的作用，增加了荆州地区城镇风景空间环境组织的可解性。

（2）城、水形态同构

在中国传统城镇中，城郭形态制约了城镇形态，并由城门位置决定了城内主要道路走向和用地划分。因此，研究传统城镇城郭形态的生成路径一定程度上可以揭示城镇形态的发展和制约因素，为揭示城镇风景空间的生成途径提供线索。根据《荆州历史文化名城保护规划》中对现存古城的测绘推测，明清时期荆州的城郭呈不规则的长方形，南北走向窄而东西走向长，明清时期城内主要道路约6条通往6座城门❷，见图4-24。城镇内的用地并没有因城内有土阜和河、塘而产生特殊的形态变化，城镇内街坊道路网仍以丁字街为主，用地布局较规整。唯有城墙和城壕系统与自然山水环境结合十分紧密。作为一座府城级城镇，荆州的城郭营建方式大体上仍然符合“国必依山川”的传统形制。城墙修筑

❷ 贺杰. 古荆州城内部空间结构演变研究[D]. 武汉：华中师范大学，2009：61.

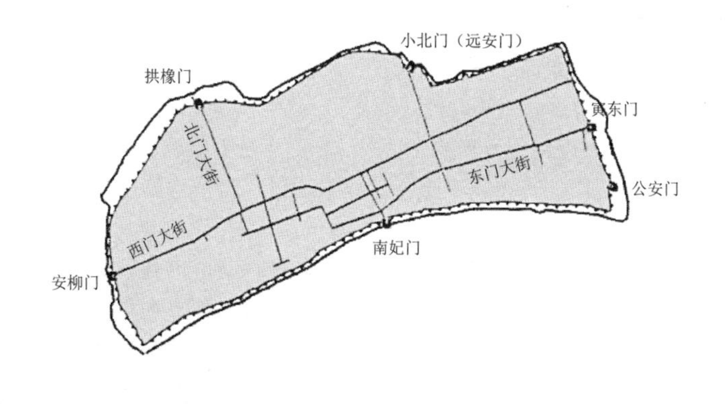

图4-24 明清荆州城主要街道图
（资料来源：《古荆州城内部空间结构演变研究》❸）

❸ 贺杰. 古荆州城内部空间结构演变研究[D]. 武汉：华中师范大学，2009：53.

于城内不高的土丘卸甲山、掷甲山和松甲山之上，限定了城墙西南、西北和北面的范围。在荆州城墙的6座城门中，南侧仅开一座南纪门通往江边码头，东南角的公安门是水城门，是荆州城大宗货物水运进出城的通道。这种城门的布局方式突出了城池对荆江的防守作用。万谦在《江陵城池与荆州城市御灾防卫体系研究》中提出：荆州的城墙自清代始，其军事驻防的意义已减弱，而防灾的作用越发明显。城墙类似挡水的堤坝，城濠则成为蓄水的水库和泄水的渠道[1]。荆州的城墙非常坚固，当城外水涨时荆州城门放下水闸后，城内居民仍可以坐在雉堞上洗衣浣足，丝毫不影响城内的市井生活。由于城墙高大，登上城楼眺望城外八岭山和三湖美景是古代文人喜爱的一种风景游赏方式。清代重建雄楚楼后有诗云“轮奂辉腾翼轸躔，雄楼突兀耸城巅。窗排八岭千重翠，帘卷三湖万顷烟”[2]。

荆州城池内外水系丰富。城东南隅有泮池、西北隅有北湖、西南隅有西湖、城中有洗马池。城外东南有马河、荆沙河，北部有城北河，南部有城南河，西部有西城河。这些水系都与宽阔的城濠相连，西入太湖、东入长湖，共同汇入古运河。清代诗人元庆在《登安澜城楼》中描述了荆州城的风景景象为“堤防虽捍柳，不殊风折蓼。滔滔者皆是，……抱郭水潺潺，流空云晶晶。景物若朝贡，还来呈未了”[3]。丰富的水环境为荆州城的风景游赏活动创造了条件，成为荆州居民一洗忧愤疲愁的场所[4]。清代竹枝词中唱道“近日便河桥下水，也饶画舫泛秋光”[5]。

荆州的城墙和城壕系统分别为荆州的城镇风景形成提供公共活动和风景游赏开展的平台。城、水形态组合创造了城镇风景空间中观尺度形态组织的基础。

4.2.4 以水为境：明清岳阳

1. 明清岳阳城镇基本概况

岳阳古称东陵、巴丘、巴陵、岳州，其得名最早见于颜廷之的《始安郡与张湘州等巴陵城楼作》，其中写道“清氛霁岳阳，层晖薄澜澳”。但诗中所称的“岳阳”是泛指岳阳地域内幕阜山（古称天岳山）南侧，洞庭湖平原的广大地区。自隋代始，岳阳便作为巴陵城地名俗称流传开来，但作为正式名称还是在民国初年。

岳阳建城是因其军事地理的优势。清代谢济世在《重建岳阳楼记》中云：“尝考岳州城，古来水路争战之地也。而长江、洞庭在其西，尤利水战”[6]。岳阳作为濒临洞庭湖的一座重要城镇，自

[1] 万谦. 江陵城池与荆州城市御灾防卫体系研究[M]. 北京：中国建筑工业出版社，2010：77.

[2] （清）希元原注. 林久贵点注. 荆州驻防志[M]. 武汉：湖北教育出版社，2002：315.

[3] （清）希元原注. 林久贵点注. 荆州驻防志[M]. 武汉：湖北教育出版社，2002：314.

[4] 高介华. 荆州古城[J]. 华中建筑，1996，14（01）：56-58.

[5] 湖北省江陵县志编撰委员会. 江陵县志[M]. 武汉：湖北人民出版社，1990：825.

[6] （清）陶澍，万年淳修撰. 何培金点校. 洞庭湖志[M]. 长沙：岳麓书社，2002：242.

汉代鲁肃在此驻守筑巴丘城之始一直是历代郡、州、府、县治所在地。南北朝时期，巴陵城由县城升为郡城，“筑巴陵郡城……，跨岗岭，滨阻三江”❶，“历代因之无复迁易者”❷。明洪武年间，巴陵城重新修葺，府城周长1498丈，设城门5个；清康熙年间，城池重新修葺，建有四个城门。岳阳城内为官府衙署所在地，城南门外的南正街、竹荫街、梅溪桥等地为市井居住地。清光绪年间，岳阳开辟为通商口岸，城内增设道台衙门，经济繁荣。清代刘献庭在《广阳杂记》中写道：“岳州舟车辐辏，繁荣盛甲海内”❸。岳阳的文化至北宋年间才开始因建府学而发展，明代城内不仅有府学岳阳书院、县学还有官办的社学、义学等教育机构，清代在金鹗山建金鹗书院。岳阳的文化得到大力发展，文人墨客增多为游赏城镇风景创造了条件。

虽然岳阳在文化、军事和经济上在湖广地区占有一席之地，但岳阳的城池规模却没有得到大规模发展。三国时鲁肃所建的巴丘城仅有四条街道。明洪武年间岳州府城规模有所扩大，城郭周回约七里，共二十坊、十三街。至清代，岳阳城内共有二十三街，城郭周长仅约六里三分。究其缘由，主要与岳阳的地理区位受周边重要城镇牵制有关。清嘉庆《巴陵县志》中云：“荆州之甲一日可达三江之口，长沙之兵二日可抵五渚，南郡由虎渡风帆不在日而至，武昌实坐收其下流”❹。由于离周边武昌、荆州、长沙这类军事重镇距离较近且水路交通过于便利，对军事驻防不利。岳阳的城池规模始终维持在县城规模，城镇内部空间布局较为简单，是湖广地区中小城镇的代表。

2. 岳阳城镇风景述要

岳阳位于长江和洞庭湖的交汇处，地貌以岗丘地貌为主，地势东高西低，呈阶梯状向洞庭湖倾斜。岳阳的自然风景资源丰富，东倚幕阜山，西临洞庭湖，北接长江，南连湘、资、沅、澧水，风景秀丽。宋代《舆地纪胜》中写道“晋代依赖，天下谈形胜者，未尝不首及巴陵”。据清道光年间《洞庭湖志》中记载，巴陵城内外共有灉湖、枫桥湖、东风湖、吉家湖等大小湖泊共26个，大小山丘22座。宋代《巴陵志》中评价道“四渎长江为长，五湖洞庭为宗，江湖之胜，巴陵兼有之”❺。从岳阳的大风景环境来看，虽然岳阳拥有湖山交错的风景环境，但对城镇风景空间发展产生绝对影响的是洞庭湖。《岳阳楼记》中称颂“岳阳胜状，在洞庭一湖”。首先，它水面辽阔。洞庭湖烟波浩渺，广域八百里。《洞庭湖志》中写道：“洞庭足以统之。……凡四府一州，界分九

❶ （宋）范致明撰.（明）吴琯校. 岳阳风土记[M]. 台湾：成文出版社有限公司，1977：4.

❷ 傅娟. 近代岳阳城市转型和空间转型研究[M]. 北京：中国建筑工业出版社，2010：35.

❸ 岳阳市城乡建设志编撰委员会. 岳阳城乡建设志[M]. 北京：中国城市出版社，1991：5.

❹ 傅娟. 近代岳阳城市转型和空间转型研究[M]. 北京：中国建筑工业出版社，2010：32.

❺ 陈湘源. 千古名城岳阳解谜[M]. 北京：解放军出版社，2006：3.

邑，横亘八九百里，日月若出没于其中”。其次，与它连通的子湖众多。如果以与洞庭湖相连的子湖来计算的话，则累百盈千，不可胜数。夏秋之际水涨时，一望迷天，屯日月、浴星辰，十分壮阔。

然而，“湖之雄，全在于水；湖之胜，亦资乎山”❶。在岳阳的湖、城风景关系中，岳阳城对岸的君山起到了重要的作用。明代隆庆年间《岳州府志》中写道：“巴陵之山最著者曰君山”。君山形如螺髻，上有轩辕台、湘妃墓、刘毅井等众多风景点。清代的陶澍点评君山与洞庭湖的风景关系为“流与峙并显，斯号伟观耳”❷。唐代诗词将岳阳城称为“山城”，是因为岳阳城内有巴丘山，此山是岳阳城修筑时所依之山。《尔雅翼》中描述为“岳阳郡之侧，巍然而高，草木翳郁者”。巴丘山是岳阳城内最高之处，岳州府治就建于此，可以居高临下俯瞰全城。府治内的四望亭是全城地势最高的建筑，虽然具有瞭望防卫的意义，但也为观赏岳阳城的风景、俯瞰洞庭湖提供了条件。明清时期，岳阳城内东北隅曾有风景秀丽的剪刀池，府学前有洗牲池，城北门内有月池。城外散布寺庙，晋代县城南侧建有乾明寺、圆通寺、慈氏寺塔，唐代城南建有白鹤寺，宋代城南建有玉清观、自然寺。岳阳城池虽小，城内却有山、池、园林，城外湖山和寺、塔，城镇风景要素丰富，见图4-25。

❶ [清]陶澍，万年淳修撰，何培金点校. 洞庭湖志[M]. 长沙：岳麓书社，2002：40.

❷（清）陶澍，万年淳修撰，培金点校. 洞庭湖志[M]. 长沙：岳麓书社，2002：41.

3. 岳阳城镇风景组织

洞庭湖、岳阳城、岳阳楼的文化表现为以湖为依托的前提下，互为表里、相互交织的。仅清道光年间编撰的《洞庭湖志》中就收录了关于湖、城、楼的相关艺文1030余篇❸。因此，分析岳阳城镇风景组织就必须讨论湖、城、楼之间的空间关系。

❸ 陈湘源. 千古名城岳阳解谜[M]. 北京市：解放军出版社，2006：173.

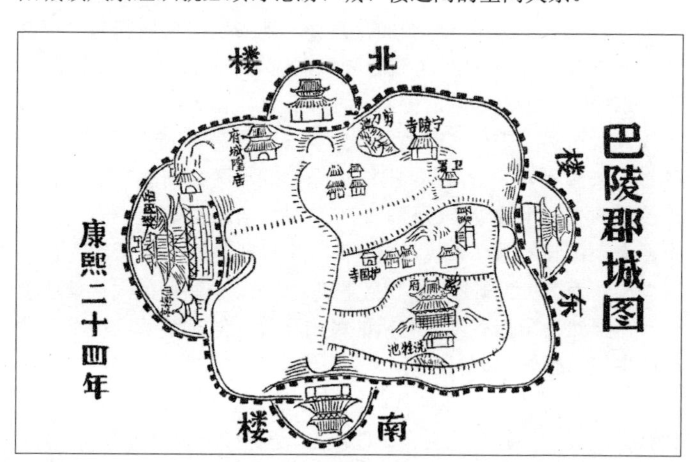

图4-25 清代岳阳城图（资料来源：《岳阳城乡建设志》❹）

❹ 岳阳市城乡建设志编纂委员会. 岳阳市城乡建设志[M]. 北京：中国城市出版社，1991：155.

（1）湖、城形态同构

从自然山水环境来看，岳阳城池因西临洞庭湖，北有枫桥湖，东有九华山、金鄂山，城郭可伸展的余地不大。郦道元在《水经注》中写道："巴陵山有湖，水岸上有巴陵，本吴之邸阁城也，城郭殊隘迫，所容不过数万人，而官舍居民在其内"❶。在南北朝初筑城时，岳阳的城郭形态呈不规则的方圆形，城郭规模不大，明隆庆年间的《岳州府志》中写道"规制矣不宏郭"❷。唐代孟浩然有诗云："气蒸云梦泽，波撼岳阳城"。由于历年受洞庭湖洪水对湖岸的冲刷和侵蚀，为避免城墙西侧的城墙崩塌而不断向东后撤。据宋代《岳阳风土志》中记载："岳阳并邑，旧皆濒江，郡城西数百步，屡年湖水漱齧"，"今去城数十步即江岸"❸。明代《岳州府志》中记载"今城西已无江岸，夏秋水泛即浸城麓，历年崩塌，逼近府署矣"❹，见图4-26。因此，至明代之前，岳阳因城郭形态顺应山形水岸的形态而呈弯曲的带形，号"扁担州"。清代由于城南门外关厢地区"市"的发展，城镇形态更是呈带状沿洞庭湖岸向南侧的灉湖延伸，见图4-27。

岳阳城沿洞庭湖东岸呈带状的城镇形态为岳阳创造水天一色、辽阔壮丽的风景景象提供了宏观组织基础。唐代中书令张说在《岳州西城》诗中写道"水国何辽旷，风波遂极天"❺。岳阳城西滨湖地段历代集中了众多风景古迹，除了岳阳楼之外还有慈氏寺塔、吕仙亭、铁兽、仙梅亭、燕公楼、洞庭南馆等。岳阳城与洞庭湖风景组织的同构性表现为风景社会空间的区位选择始终围绕湖、城之间的带形滨湖空间展开，具有持续稳定性。因此，不论岳阳的城镇空间如何演化，以滨湖的带形空间作为城镇风景空间发展首选区位的组织方法是基本没有变化的。

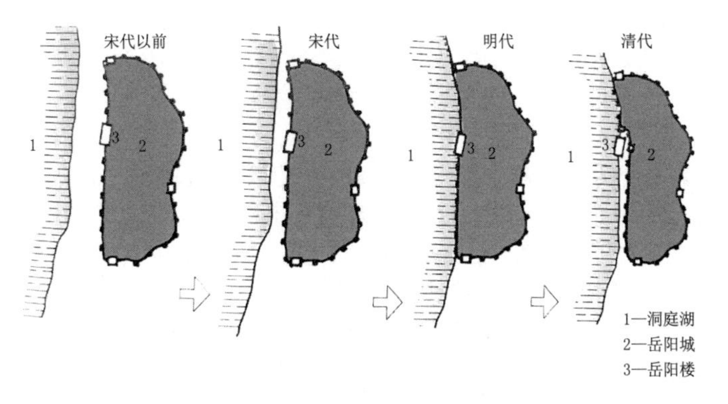

图4-26　清代岳阳城"水进城退"示意图（资料来源：《近代岳阳城市转型和空间转型研究》❻）

❶（宋）范致明传，（明）吴琯校．岳阳风土记[M]．台湾：成文出版社有限公司，1977：3.

❷ 傅娟．近代岳阳城市转型和空间转型研究[M]．北京：中国建筑工业出版社，2010：35.

❸（宋）范致明传，（明）吴琯校．岳阳风土记[M]．台湾：成文出版社有限公司，1977：7.

❹ 傅娟．近代岳阳城市转型和空间转型研究[M]．北京：中国建筑工业出版社，2010：41.

❺（明）天一阁藏明代方志选刊．岳州府志[M]．上海：上海古籍出版社，1963.

❻ 傅娟．近代岳阳城市转型和空间转型研究[M]．北京：中国建筑工业出版社，2010：43.

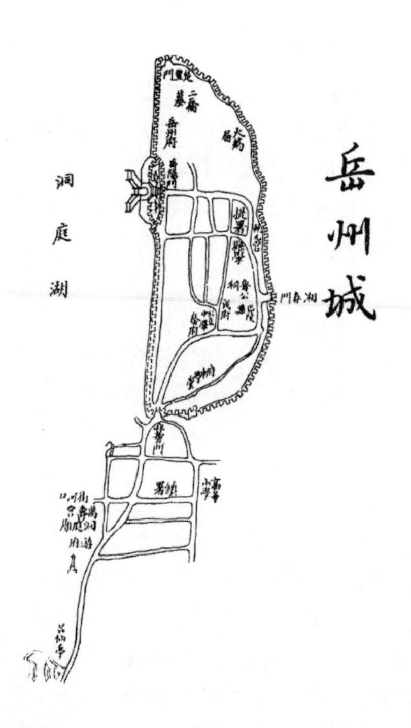

图 4-27 清宣统年间岳州府城图
（资料来源：《清宣统湖南乡土教科书》）

（2）风景建筑的媒介性

刘师培在《南北文学不同论》中指出："南方之地，水势浩洋，民生其际，多尚虚无。"在水系丰富的地方登高临眺是古人实现仰天俯地，欣赏自然风景变换，"心与景接"的一种领域。宋代滕宗谅曾说："窃以为天下郡国，非有山水环异者，不为胜；山水非有楼观登览者，不为显。……今古东南郡邑，富山水者比比，因山水作楼者处处有焉"❶。因此，可以登高临眺的风景建筑在传统城镇中的区位以及登高临眺的对象间的空间关系成为影响传统城镇风景空间生成的重要因素。

在岳阳城内，历代可以登高临眺的建筑物并不止岳阳楼，还有南楼、仙梅亭、四望亭等，但岳阳楼因紧邻洞庭湖且"下瞰洞庭，景物宽阔"❷而成为从岳阳城眺望洞庭湖最佳的观景点。宋代的滕宗谅在写给范仲淹的《与范经略求经书》中写道："巴陵西跨城闉，皆飞观署之曰岳阳楼"❸。明代的周洪谟在诗《登岳阳楼》中将洞庭湖和岳阳楼的风景关系描述为"楚地无边水，江南第一楼"。早期的岳阳楼承担一定的城镇功能。岳阳楼在汉代为鲁肃操练水军临湖所建的阅军楼，南北朝时期是城西谯楼，唐代早期为

❶（清）陶澍，万年淳修撰．何培金点校．洞庭湖志[M]．长沙：岳麓书社，2002：271.

❷（宋）范致明传．（明）吴琯校．岳阳风土记[M]．台湾：成文出版社有限公司，1977：5.

❸（清）陶澍，万年淳修撰．何培金点校．洞庭湖志[M]．长沙：岳麓书社，2002：334.

洞庭驿楼。唐代之后，由于文人墨客游赏洞庭湖和岳阳楼的诗词增多，在“景借文传，文自景生”的作用下，岳阳楼的风景意义凸显出来。自唐代后岳阳楼虽历经战火和水灾的洗礼，多次倒塌后仍重建，一定程度上说明岳阳楼的区位在湖与城之间的风景组织关系上具有不可替代性。

清杨翔凤在《岳阳四纪序》中阐释过古代城镇建高大楼阁的目的是“上可建旆，下可屯守”[1]，军事驻防是其主要作用。岳阳楼和黄鹤楼、滕王阁一样都是利用位于城边或城外的自然地形而建，将登眺建筑建在临水的高阜之上，以便控湖带江。然而这三座名楼所眺望的对象是不一样的。明代李东阳认为“洪都之滕王，西山在眺；武昌之黄鹤，汉阳川树可俯而数也”，而“江汉间多层楼杰阁，而岳阳为最”[2]。滕王阁眺望的是漳江对岸的西山（图4-28），黄鹤楼眺望的长江对岸的汉阳晴川阁（图4-4），而岳阳楼之所以能成为三大名楼之首是因为岳阳楼和洞庭湖所形成的风景眺望关系在湖广地区具有唯一性（图4-29）。正如明杨昌嗣所描述的岳阳楼和洞庭湖的空间关系是“予观乎岳阳之楼，临视洞庭，漭漭滔滔。初未有际，惟若远天落于湖外，无复尺寸之地而止耳”[3]。

[1]（清）陶澍，万年淳修撰．何培金点校．洞庭湖志[M]．长沙：：岳麓书社，2002：270.

[2]（清）陶澍，万年淳修撰．何培金点校．洞庭湖志[M]．长沙：岳麓书社，2002：314.

[3]（清）陶澍，万年淳修撰．何培金点校．洞庭湖志[M]．长沙：岳麓书社，2002：244.

图4-28　清同治年间滕王阁图（资料来源：《同治南昌府志》[4]）

图4-29　岳阳楼图（资料来源：《海外中国名画精选III元代》[5]）

[4]（清）许应鑅，（清）王之藩修；（清）曾作舟，（清）杜防纂．同治南昌府志[M]．南京市：江苏古籍出版社，1996.

[5] 刘育文，洪文庆．海外中国名画精选III元代[M]．上海：上海文艺出版社，1999.73.

这种风景空间的生成源于形态学中所说的通过组织结构的偏离来塑造结构重点，组织结构偏离处是促使城镇风景空间生成的关键节点。因此，岳阳楼之所以相较于其他两楼在风景形胜中更加出名，是因为洞庭湖的湖面宽阔与岳阳城的城池狭窄存在空间尺度偏离；岳阳楼的高耸与洞庭湖的平远宽阔存在高度偏离。可见，在传统城镇中山、水、城交汇处建楼、台、亭、阁等建筑物是在特征平淡的城镇空间结构中创造出有利于景城交融的风景组织节点，实现自然风景与社会空间相交融的重要的风景媒介。

4.2.5 枕水拥山：明清襄阳

1．明清襄阳基本概况

襄阳市位于江汉平原中游，具有东西交汇、南北贯通的重要地理区位，“汉晋以来，代为重镇”，是汉水流域最重要的城市之一。历史上襄阳是区域性经济、政治、文化中心，是汉水文化中具有重要影响和代表性的区域重镇，拥有历史悠久的商业文明、繁荣的诗赋文化和书画文化（图4-30）。

襄阳的历史记载最早可以追溯至战国，据《荆州记》中记载“襄阳，旧楚之北津也。”战国时襄阳被称为“北津”，是楚国北部边疆重要的军事要塞。襄阳得名则最早可追溯至西汉时期。班固《汉书》中有西汉时期襄阳县建制的记载，郦道元《水经注》中也记载“城北枕沔水，即襄阳县之故城也。”

《湖广图经志》中记载襄阳府的形胜为“跨连荆蜀，控扼南北，外带江汉，内阻山陵，水路之冲，御寇要地。”襄阳府因军事地理位置重要而成为历代兵家必争之地。由于军事驻防的需要，自汉代以来襄阳城便成为地区政治、文化中心。南北朝时期由于

图 4-30 襄阳市域地貌特点

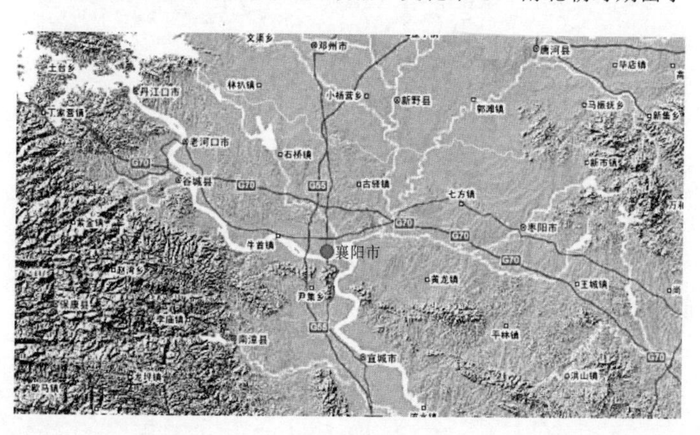

水运和造船业的发展促使襄阳的商业经济繁荣发展。襄阳地区自古就是商贾汇聚之地，凭借便利的水路交通，成为地区南北通商和文化交流的重要通道，素有“南船北马、七省通衢”之称。襄阳被认为是“形胜之地，沃衍之墟，若疏漕渠，运天下之财，可使大集，”自唐代始襄阳便成为湖广一带的经济贸易中心。明代襄阳是“藩王封盛”之地，城市的政治、文化、经济更得到大力发展，清代襄阳城的发展进入稳定成熟时期。明清襄阳经济文化繁荣，襄阳的寺观祠庙众多，城内有城隍庙、关帝庙、魁星楼、吕祖阁等，城外有檀溪寺、延庆寺、铁佛寺等。襄阳的书院也很多，有府学、县学、襄阳书院、学业堂、鹿门书院等。

历史上的襄阳府地区曾经存在过襄阳城、桓宣城、樊城和邓城等多个历史城镇。桓宣城是汉水南岸岘首山上的一个军事防御古城，邓城是汉水北岸西周至春秋早期邓国的都城。此二城由于军事地位下降而被废止，在历史的长河中湮灭。

襄阳城和樊城建城稍晚，城池空间格局体现了既相互联系又相互区别的营城思想。襄、樊二城“一江两城”的空间结构始于宋代抗击金、元入侵时期，是“南城北市”城镇空间格局的典型代表。襄阳城的城镇空间格局体现了政治统治和军事防御功能：城郭方整，拥有棋盘式路网，王府和各衙署居中的空间布局。襄阳城池以汉江为濠，城池宽阔，有“池宽天下第一”之称。城垣自汉代建城以来历代不断加固维修，汉代的襄阳城已建有城墙和城楼，明代襄阳城有6座城门并建有角楼。东晋时为加强城池西北角的防御，增筑了夫人城，是屯兵城。明代为了消除原城墙与汉水间的开阔地带，在城墙东北角加筑新城，加强了城池东北角的防御能力。樊城则体现了典型的商业城镇的空间形态，城池沿汉江而筑，呈东西长、南北窄的带状；城内街道有“九街十八巷”之称，主要南北向街道皆通向城南的汉江码头和北城门，见图4-31。

2. 襄阳城镇风景述要

襄阳位于南襄盆地南部，地形为东低西高，由西北向东南倾斜。襄阳北部地处武当山、桐柏山之间；西部为荆山山脉接武当山余脉的山区，南部为低山丘陵区；中部为汉江和唐河、白河、滚河、清河冲积的较开阔

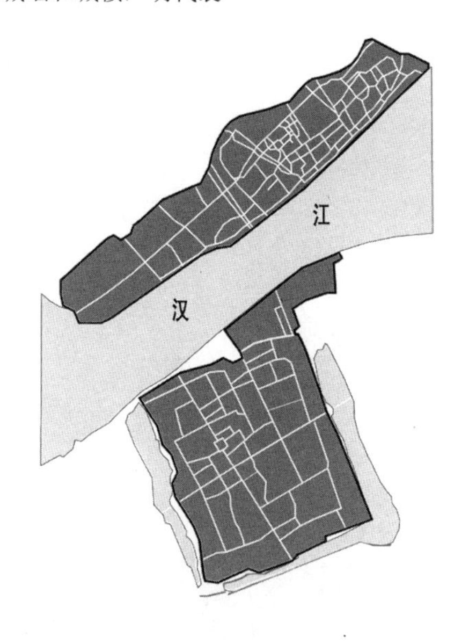

图4-31 襄阳、樊城城镇格局
（资料来源：根据《襄樊历史文化名城保护规划研究》图纸改绘❶）

❶ 王慧媛. 襄樊利市文化名城保护规划研究[D]. 内蒙古工业大学，2006：36.

平原；东部为大洪山和桐柏山之间的低山丘陵区（表4-6）。襄阳市域水资源丰富，全市有知名常流河817条，多为山区性河流，分属长江、淮河两大水系。属长江水系的有汉水、府河（涢水）和沮漳河三大河流；属淮河水系的有游河、小林河、四十里冲河、永民河等数条小河（表4-7）。

❶ 湖北省襄阳地区地方志编纂委员会办公室. 襄阳地区概况[M]. 1984：4.

襄阳地区主要山体概况表 表4-6

山脉	主要山峰
桐柏山脉	唐子山，玉皇顶，太白顶，田王寨，冠子垛，燕子谷，鹦鹉冠，磨盘山，二眉山
大洪山脉	霸王山，长山，乌头寨，马槽岭，偏头山，大洪山，斋公岩，牛角山，大狼山，白林寨
武当山脉	大薤山，横岭，摩天岭
荆山山脉	马鞍山，三尖山，七里山，牛山，隆中山，万山，扁山，黄龙山，望佛山，邓家岩，聚龙山，凤凰山，龙滩顶，庞家山，关山，黄连山，龙家山，南顶，摩天垭，高顶，金龙观

资料来源：根据《襄阳地区概况》相关资料整理❶。

襄阳地区主要河流概况表 表4-7

河流名称			河流长度(km)	备注
汉水			215.8	为长江支流，河源于秦岭南，出于汉口
	小清河		82	为汉水支流，河源于河南邓州市，出于襄阳洪家沟
	唐白河		22.6	为汉水支流，河源于襄阳董坡汇合，出于襄阳张湾
		唐河	46.8	为唐白河支流，河源于河南方城七峰山，出于襄阳两河口
		白河	28	为唐白河支流，河源于河南伏牛山，出于襄阳两河口
		滚河	136.2	为唐白河支流，河源于随县大埠山，出于襄阳唐家店
	淳河		64	为汉水支流，河源于枣阳耿集，出于襄阳东津王家嘴
	渭河		95.6	为汉水支流，河源于南漳七里山，出于宜城小河集

资料来源：根据《襄阳地区概况》相关资料整理❷。

❷ 湖北省襄阳地区地方志编纂委员会办公室. 襄阳地区概况[M]. 1984：6.

襄阳拥有丰富的风景资源。明清襄阳城内除了鼓楼、谯楼、城楼和角楼之外，城墙上还建有仲宣楼、魁星楼、狮子楼和二花楼等。这些楼既是城市管理、防御和礼制建筑，也是城内登高远眺、

图4-32 襄阳山南东道楼图
（资料来源：清同治《襄阳县志》❶）

图4-33 米公祠图
（资料来源：清同治《襄阳县志》❷）

赏景的名胜（图4-32）。襄阳新城湾的镜湖，水清如镜，岸边遍植柳树、桃树、李树、枣树等。明清时期建有孟亭、闻喜亭、二花楼，湖上架绍兴桥，是城内游赏泛舟的一处胜景。襄阳城外的自然环境幽美，清代的顾文炜在诗《樊城》中描写了襄阳典型的风景景象是“水镇荆襄分古郡，烟开秦楚拥春山。”襄阳城外烟波浩渺的汉水环绕在襄阳城的北部和东部，苍翠的岘山环绕在襄阳城的西部和南部。汉江北岸的樊城柜子城毗邻汉水处建有米芾家族的家庙米公祠，（图4-33）。襄阳城外汉江边的河滩地形成了村落密集的鱼梁洲和山滩相连的三处险滩，驴滩、凤凰滩和鹿门滩。鱼梁洲是庞德公故里，有庞工祠和凤栖书院。鹿门滩是水路进入襄阳的门户，素有“荆襄关键”之称。唐张九龄在《登岘山》诗中写道“宛宛樊城岸，悠悠汉水波。……地本原林秀，朝来烟景和。”岘山西起城西万山、东至城南百丈山，由二十余座山峰组成，其中岘首山、琵琶山和万山景色秀丽，风景名胜众多（图4-34）。岘首山有羊杜祠、岘首亭、文笔峰、堕泪碑、观音阁等名迹（图4-35），是古人登临宴饮、发古怀思之处。万山三面环水，山下有烟水缭绕的大堤和沉碑潭，有古幽兰寺、汉皋台和王粲、繁钦故里。襄阳的文人士大夫有在城南山麓营建住宅的传统。襄阳城外岘山以南的“冠盖里”是望族名士聚集之地，拥有“岘首名望”的美誉。岘山有唐代的张柬之的旧园和张公祠、孟浩然的南涧园，琵琶山有司马徽隐居的水镜庄，凤凰山南麓有东汉襄阳侯习郁引白马泉水筑的习家池（图4-36），万山有王仲宣旧宅。襄阳城外稍远城西的隆中山山清水秀，有诸葛亮隐居的古隆中（图4-37）。城南鹿门山层峦叠嶂、山涧幽深，有鹿门寺（图4-38）。唐代诗人闫防歹有诗描写鹿门山的景色，“双关开鹿门，百谷集珠湾。喷薄湍上水，春容漂里山。”鹿门山因景色清秀，环境宜人，唐代以来不少文人墨客踏访游赏，也有孟浩然、皮日

❶ 江苏古籍出版社. 中国地方志集成 湖北府县志辑64同治襄阳县志 光绪襄阳县志4略[M]. 南京：江苏古迹出版社，2001：15.

❷ 江苏古籍出版社. 中国地方志集成 湖北府县志辑64同治襄阳县志 光绪襄阳县志4略[M]. 南京：江苏古迹出版社，2001：18.

图 4-34 岘山图
（资料来源：清同治《襄阳县志》❶）

图 4-35 岘首山图
（资料来源：清同治《襄阳县志》❷）

图 4-36 习家池图
（资料来源：清同治《襄阳县志》❸）

图 4-37 古隆中图
（资料来源：清同治《襄阳县志》❹）

❶ 江苏古籍出版社. 中国地方志集成 湖北府县志辑64同治襄阳县志 光绪襄阳县志4略[M]. 南京：江苏古迹出版社，2001：16.

❷ 江苏古籍出版社. 中国地方志集成 湖北府县志辑64同治襄阳县志 光绪襄阳县志4略[M]. 南京：江苏古迹出版社，2001：17.

❸ 江苏古籍出版社. 中国地方志集成 湖北府县志辑64同治襄阳县志 光绪襄阳县志4略[M]. 南京：江苏古迹出版社，2001：17.

❹ 江苏古籍出版社. 中国地方志集成 湖北府县志辑64同治襄阳县志 光绪襄阳县志4略[M]. 南京：江苏古迹出版社，2001：15.

休、张子容、唐彦谦等文人曾隐居于此。

3. 襄阳城镇风景组织

（1）城水形态同构

襄阳城郭的建设一直与汉水密切相关。郦道元在《水经注疏》中写道“檀溪向为汉水所经”，襄阳城南和岘山之间的地区是汉水的古河道。《水经注》中记载“沔水（汉水）又东合檀溪水，水出县西柳子山下。东为鸭湖，湖在马鞍山东北，……溪水自湖两分，北渠即溪水所导也……西去城里余，北流注于沔。一水东南出……是

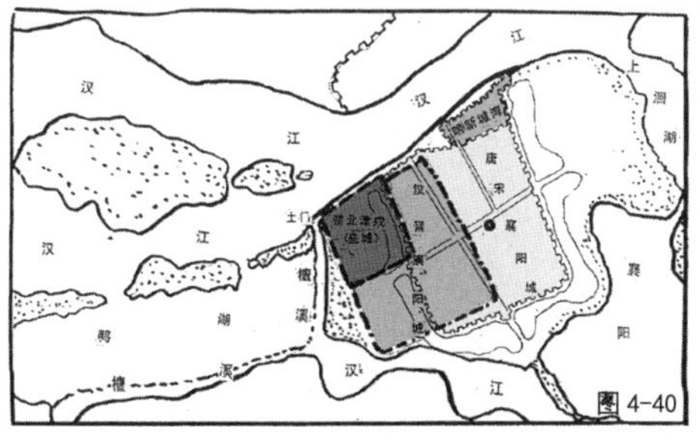

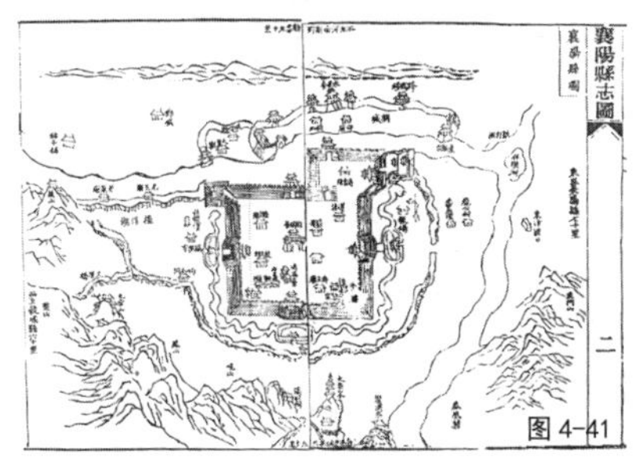

图 4-38 鹿门山图
（资料来源：清同治《襄阳县志》❶）

图 4-39 襄阳历史古迹现状图
（资料来源：夏宇摄）

图 4-40 襄阳城址变迁图
（资料来源：根据《襄樊城市变迁》相关图纸改绘❷）

图 4-41 清代襄阳县图
（资料来源：清同治《襄阳县志》❸）

水当即襄水也。”檀溪、鸭湖、南渠、襄阳湖和上洄湖是襄阳城西南与汉水水系丰歉互补的一条水道。明代之前，汉水频繁改道，致使襄阳城多次被毁。襄阳城在历代多次重建中城址不断向东部开阔的鱼梁坪迁移（图4-40）。

清同治《襄阳县志·山川》中写道：“襄水则凡西南诸山所出之水，有长渠入汉者皆是。”襄水汇集了来自襄阳城西南万山至岘首山的山体水流，自万山脚下檀溪分流后至岘山合流，汇入汉江。由于明代老龙堤合拢，导致檀溪不再与汉江相通，檀溪枯竭，襄水逐渐演变成襄阳城南的一条排泄山洪的泄水渠道，见图4-41。

明清襄阳城的繁荣和安定得益于汉、唐以来襄阳城外大堤的不断修筑。《襄阳耆旧记》中记述了汉代荆州刺史胡烈“补缺堤，

❶ 江苏古籍出版社. 中国地方志集成 湖北府县志辑64同治襄阳县志 光绪襄阳县志4略[M]. 南京：江苏古迹出版社，2001：16.

❷ 襄樊市城建档案馆（处）. 襄樊城市变迁[M]. 武汉：湖北人民出版社，2009：121.

❸ 江苏古籍出版社. 中国地方志集成 湖北府县志辑64同治襄阳县志 光绪襄阳县志4略[M]. 南京：江苏古迹出版社，2001：14.

民赖其利”，切断汉水和城壕水系的联系保护襄阳城的历史。明同治《襄阳县志》中记载了张柬之沿檀溪向东南筑“张公堤”的历史，“唐神龙元年宰相张柬之因垒为堤，自是襄阳置防御守堤城。”清光绪《襄阳府志》中记载：“嘉靖中，汉屡溢，由檀溪入濠，民苦之。三十年巡道陈绍儒、守道雷贺作东西堤，西曰老龙堤，起万山东麓。东曰长门堤，起城西土门，绕城北，迄长门。隆庆四年巡道徐学谟增筑老龙堤。……万历三年老龙堤决，坏城郭，巡道杨一魁知府万振孙、通判张拱极自万山麓起，迄长门合筑长堤，……通名老龙堤。自是汉水始与檀溪隔。”明代襄阳城南的水道与汉水的联系正式切断，明清时期城外大堤不断加筑，最终形成了环绕襄阳的“救生堤”（图4-42）。

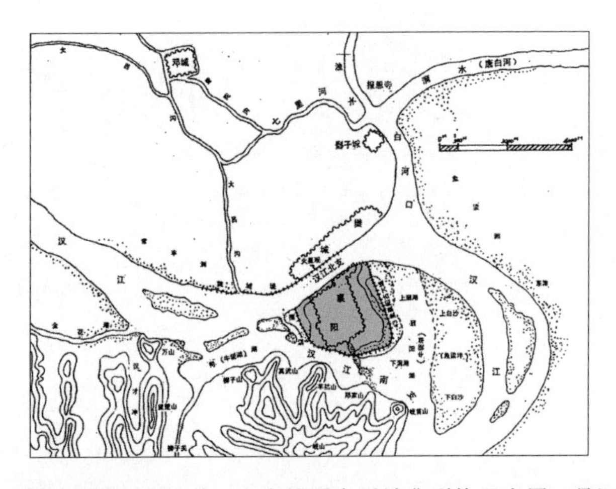

图4-42 襄阳堤防和水系图
（资料来源：根据《襄樊城市变迁》相关图纸改绘❶）

❶ 襄樊市城建档案馆（处）. 襄樊城市变迁[M]. 武汉：湖北人民出版社，2009：252.

襄阳城郭形态方整，完全按照府州城典型格局布置，是河谷地带府州城的典型代表。襄阳城、水形态同构首先表现为通过不断地开渠筑堤调整襄阳城西南水道的自然形态，开辟出了一块水环境相对稳定，可以在岘山和汉水之间建造具有方正形态城郭的理想环境空间。其次，襄阳城郭形态顺应汉江水岸形态的要求。襄阳城没有按照正南北向建造，而是将城镇的南北轴线偏西与江岸垂直，东西轴线与汉水平行（图4-31）。这种方式使襄阳北部城郭可以完全临江，既有利于军事驻防，也形成了以“汉水为濠”的壮丽风景。因此，可以说襄阳城、水形态同构是通过城镇空间格局对大水系（汉江）形态的适应和对小水系形态的不断调整实现的。

（2）礼制形态下的城镇风景

虽然明清襄阳人文积淀深厚，风景资源丰富、景点众多，但它是湖广地区传统城镇中唯一没有八景题咏记载的城镇（见附录）。在明清襄阳地区众多的地方志中，襄阳城内景点的记载非常有限，但城外景点却很多。究其缘由，笔者认为这与襄阳向来注重防御的营城目的相关。

明清襄阳拥有非常规整的礼制空间结构：南街、北街和东街、西街构成了城市的纵横轴线，城市纵横轴线焦点处建有鼓楼（昭明文选楼），南街建有谯楼，鼓楼和谯楼成为城市布局的制高点。襄阳城内空间布局很规则，衙署布置在城市东北角，王宫布置在东南隅，军事机关布置在城市北部，城隍庙在城市西南部，粮仓在城市东北和西北部，城市中部的十字街则是商业贸易中心。这与李允禾指出中国古代城市规划组织模式十分吻合，即十字形的大街作为干道及过境通道，中心点建“台门”式建筑，或“钟鼓楼”。棋盘式的街区，周边是城墙和护城河，公共建筑布置在城市中心部分❶。这种城镇空间组织所形成的人工建成环境具有严格的等级秩序，符合礼制要求，是一种符合城镇统治者意志的空间形式。

襄阳城的建立始于“地之守在城”的军事驻防目的。统治者通过在自己统治的区域内建立政治和军事中心来建设一个能保卫自己的堡垒。在这种规划意志的指导下，襄阳城镇空间组织体现出了典型的中国古代府州城的规划形制，城镇平面布局规整、平正，城镇肌理趋于同质化，以体现传统城镇是地区政治、军事、文化管理中心的职能。博伊德提出中国古代城市建设主要受儒家思想的支配，城镇空间组织规则、对称、条理分明。然而这种等级分明的城镇空间并不完全符合古人的身心需要，而是会“积久亦遂生厌”，需要“求安慰于自然”❷。

从自然条件来看，襄阳城内有一些小的坑、塘、湖等水系，镜湖周边还形成了公共园林。然而相较于城内规模较小的水系，襄阳城外的山水环境更加秀丽。从风景组织层面来看，风景空间组织要求风景要素结合环境因地制宜地布局，组织肌理趋于异质性。异质性的组织肌理与襄阳城要求规整匀质的人工环境营建准则不相符合，因此只有城外的山水环境才能提供“园林务必萧散”的营造条件。襄阳城通过在城外一定范围的山水环境中营建园林来满足古人在城镇生活中既符合礼制要求又满足身心需求的心理诉求。可以说，襄阳城外丰富的人文风景是对城内风景要素不够

❶ 李允禾. 华夏意匠：中国古典建筑设计原理分析[M]. 天津：天津大学出版社，2005：402.

❷ 李允禾. 华夏意匠：中国古典建筑设计原理分析[M]. 天津：天津大学出版社，2005：306.

丰富的一种必要的补充，是礼制形态下城镇风景组织的一种方式。

4.3 传统城镇风景空间环境协同

从传统社会景象和发展过程去寻求理论研究的根基常常会遭到诟病，经济学家赛（Say）就曾经质疑过“收集这些荒谬的观点和已被驳斥的学说，对生存有什么贡献？”但理查德·亨利·托尼就此给出过解释，本节仅借此言论来支撑向历史寻求理论研究基石的观点，即“过去能向现在揭示现在有可能理解的东西，对于某个年代显得空洞的东西，到了另一个年代就有可能意味深长”[1]。

研今必习古，无古不成今。对传统城镇风景组织的研究不只是为了研究过去，而是为了当代城镇的发展而尊重过去。从传统城镇风景的组织方式中提取对当代城镇空间组织和风景系统建构有用的策略，增加传统城镇风景环境的文化认同感是本节研究的重点。

4.3.1 传统城镇风景组织的形态学思考

从上一章对传统城镇风景空间构成关系的分析中可知，传统城镇风景空间感的产生是人们在风景空间中通过对风景“象”的欣赏和自然“境”的体验综合而产生的。在城镇风景空间“境、象”关系背后所隐藏的是人们将风景要素视为环境美的欣赏焦点，将风景空间视为文化精神场所的事实。因此，研究传统城镇风景组织方式实际上是研究通过何种方式将风景要素组织起来生成文化精神场所的问题。本节将摒弃从设计视角去探讨风景视线、游赏路线的组织和场所精神营造的研究传统，而将研究重点转向风景形态布局研究，通过归纳风景空间基本单元在城镇空间中演化的方式来研究传统城镇风景空间的环境组织。从形态学角度思考城镇风景空间组织结构是从中观层面展开的，该视角比城镇用地功能组织更具体，比建筑空间组织更概括。

中国传统城镇空间的组织逻辑是一种连续的嵌套式结构[2]，即在城市空间中表现为城市以城墙围合、在建筑空间中表现为建筑组群以院落围合，形成大小不同的嵌套式空间。由院落空间所形成的空间单元是城镇用地的基本空间组织单元，以四合院为正体，适应山水为变体，也是构成传统城镇风景社会空间的基本空间组织单元。对传统城镇风景组织的形态学思考，可以通过归纳风景社会空间单元与自然山水环境的关联性组织方式来研究传统

[1] （英）理查德·亨利·托尼. 宗教与资本主义的兴起[M]. 上海：上海译文出版社，2007：2.

[2] Serge Salat. 城市与形态：关于可持续城市化的研究[M]. 中国：香港国际文化出版有限公司，2013：101.

城镇山、水、城形态同构的组织方式。

根据以上对湖广地区五个典型案例城市的城镇风景组织分析，可以对传统城镇风景空间环境组织结构的形成进行归纳，体现在以下三个方面：

首先，从城镇风景的空间组织层面来说，虽然所研究的案例地区城镇风景面貌多样，但在极其广阔的范围内传统城镇风景空间的演化却呈现出一种较为统一的基本规律。一部分传统城镇风景社会空间单元在自然山水制约下选择与其自身风景组织和环境氛围要求相一致的优势区位，不是固守严谨的礼制秩序，而是因自然山水所提供的“地宜”来组织城镇用地，从而使城镇空间结构产生部分偏离。城镇肌理在依山接水处的局部调整和灵活变化，使得城镇空间组织形态呈现多样化。可以说，传统城镇风景空间的生成是源于风景组织的灵活性，是城镇空间结构对地区自然山水肌理结构的一种适应性的体现。

其次，从城镇风景的时间组织层面来说，城镇风景空间的演化与人们在风景组织过程中对自然山水环境特质需求的不断转变相关。古人对自然山水环境特征的认知经历了如下演化过程：对山体的关注由早期注重利用其地势的高耸，转向注重环境的清幽；对水体的关注由早期注重交通和水利的设防与使用，转向欣赏其开阔、疏朗的环境特征。风景社会空间单元的演替是建立在对自然山水环境功能社会化的认同基础之上，是古人对自然山水环境美感特征认知的强化。

第三，从城镇风景组织的尺度层面来说，在相对匀质的传统城镇空间结构中组织尺度的差异是促使城镇风景空间生成的关键。自然和人工山水环境因尺度与一般城镇空间尺度相异而成为城镇风景空间结构塑造的重点。山脊、山谷可以产生高度偏离，而水岸、堤、岛则是水体产生形态尺度偏离的依据。因此，在形态尺度偏离处建造风景建筑，形成风景社会空间单元是最古老有效的塑造城镇风景形态的手段，凡传统城镇风景空间组织均不越此藩篱。

阿尔海姆说：“任何有组织的系统在发挥作用时，最必不可少的东西是组织秩序，不管它的功能是精神的还是物质的”[1]。中国传统城镇空间结构的组织是以传统“礼制”思想为核心的。“礼制”城镇空间布局要求城镇空间结构规整、平正，城镇肌理趋向于同质化，以体现传统城镇的地区政治、军事、文化管理中心的职能要求。而传统城镇风景空间的组织方式则要求城镇风景社

[1] Rudolf Arnheim. The Dynamics of Architectural Form[M]. Berkeley: University of California Press, 1977: 56.

会空间要素结合自然山水环境因地制宜地布局，城镇肌理趋向于异质性。因此，传统城镇风景空间结构与传统城镇空间结构相比较，是一种“变”与“正”的体现。然而传统城镇风景社会空间的构成要素既是传统城镇“礼制”空间的构成要素，同时也是风景空间的构成要素。因此，所谓的“变”与“正”的差异可以看作为是一种微观与宏观尺度上，在空间构成层级和等级上的表现差异。传统城镇风景空间在价值取向上与“礼制”空间结构具有逻辑统一性，只是审视的时空尺度不同。传统城镇风景空间仍然是以“礼制”为价值核心，可以说传统城镇风景空间结构是一种隐性结构，是“礼制”空间结构在风景组织层面的一种延伸，也是城市空间结构二元性的体现[1]。

[1] 王金岩. 空间规划体系论：模式解析与框架重构[M]. 南京市：东南大学出版社，2011：126.

4.3.2 传统城镇风景空间环境协同策略

虽然传统城镇风景空间形态的价值取向是以“礼制”为核心，但是撇去“礼制”不谈，在传统城镇风景空间的组织中，景城相融的风景面貌反映的是风景系统要素在自然山水环境中演替的一种集体状态。根据系统论的观点，城镇系统构成的复杂性使其具有明显的环境自组织现象和空间进化功能，表现为系统要素选择优势区位发展，其结果是伴随着城市功能空间的“演替”[2]。所谓的“演替”可以理解为城镇空间构成基本单元和街区组织以及城镇肌理不断、渐进的演化过程。对于一个系统来说，要素的空间发展是既有竞争又有协同的，它们在非线性作用的基础上相互依存，成为系统发展演化的推动力。对于城镇风景空间系统而言，风景空间的演化动力来自于风景社会空间各功能单元在空间区位上的竞争和建立在此基础上的协同。当某一种空间单元的发展与其所在环境不相适应时，它就选择与自身条件相适应的环境，通过竞争占据对于自身发展来说有利的区位，使原有的空间被置换，从而导致城镇空间类型的演替和城镇空间形态的重组。

[2] 王富臣. 形态完整：城市设计的意义[M]. 北京：中国建筑工业出版社，2005：161.

可见，环境在城镇空间演替中起到了核心的作用。城镇风景空间的演替也遵循着以风景社会空间要素在城镇自然山水环境中获取与社会活动环境组织相适应的优势环境区位原理。因此，一些优秀的城镇环境协同传统是值得当代城镇借鉴的。

1. 建立自然山水尺度分级体系

首先，传统城镇风景环境是建立在自然山水形态完整的基础之上。山水无论大小都是构成城镇风景环境不可缺失的环节。中国传统文化对不同规模的自然山水采用不同的建设方法。对小山小水的形态加以合理利用，结合城镇社会空间单元的建设强化山水形态特征，就算是“残山剩水”也讲求“片山多致、寸石生情”，通过人工建设来修补自然形态的不足。例如，荆州城内的三座小山卸甲山、掷甲山和松甲山是城外西北侧山体延伸至城边缘的余脉土阜，如果从山体的体量来看只能算不高的土丘。荆州的城墙内侧紧靠此三山而建，并建有关羽祠。荆州城墙紧邻南门外侧还有一块仅40m长、10m宽的土阜“息壤”，与大禹治水的传说有关。而公安门外马河边的小土阜画扇峰高仅6m，长仅14m却因形似画扇且与三国时张飞筑城的传说有关而成为荆州八景之一。与荆州城相似，武昌城共有“九湖十三山”，城内的山除了黄鹄山和城北的凤凰、胭脂和崇府等几座小山可以被称为山之外，城南的山体只是一些残山。但这些残山对于形成武昌城的风景环境仍具有重要意义，比如梅婷山上在曾建有“封建亭”和“楚望台”，是明清两代城内著名的风景游赏地之一。而在南昌城内的三个小湖中东湖就曾因在其湖中的三岛上建有“水木清华之馆”而成为宋、明、清三代城内著名的公共园林。岳阳城内的剪刀池也曾因风景秀丽而成为城内主要的公共开敞空间。由此可见，在传统城镇的风景空间发展中，小山小水因多包于城内且尺度宜人，而成为城镇风景社会空间单元组织的核心和基础。

对于大山大水，在传统城镇风景空间的组织中则讲究“自成天然之趣，不烦人事之工”，风景环境追求野趣与天成。风景社会空间单元在大山大水中的发展是以治理为先，通过人工开塘、筑堤等方式梳理山水形态，使其有首先利于农业和社会环境发展的需要，然后才是兴造风景建筑来欣赏其风景美。例如，同样是濒临大江，荆州通过修筑大堤来障水，保障农业和社会发展安全，登临大堤上仙鹤亭、文星楼、万寿宝塔等风景建筑可以眺望大堤之外江水的壮阔奔腾和大堤之内广袤的农田。武昌则是通过在临江对峙的黄鹄山和大别山的山口分别建黄鹤楼和晴川阁来镇锁水口。而岳阳也曾在洞庭湖滨筑偃虹堤和护城堤来保障岳阳西侧城墙的安全，护城堤的修筑促使自岳阳楼向南的滨湖风景社会空间的发展。因此，依托大山大水的风景空间生成中是以守为先的，自然山水风景是城镇风景空间的主导，而风景社会空间单元的点缀作用则起到了强化山水形态特征的作用。

综上可见，在传统城镇中山水因其自然形态的差异和在城镇中区位的不同而在传统城镇风景空间组织中发挥不同的风景组织作用。

2. 增强城镇主体功能的山水环境参与性

传统城镇建设有“国必依山川”的文化传统，城镇从选址到空间环境组织都与自然山水发生直接或间接的关联。这种关联不仅是从空间组织角度出发，也体现为伴随社会发展而呈现出山水环境功能的社会化。武昌城内黄鹄山所承担的社会功能就由筑城最初的军事壁垒功能发展出了政治、宗教活动、风景游赏、教育和隐居逸情等社会功能。黄鹄山的风景社会空间单元的类型也日渐增多，除了寺庙、山水别业、亭台楼阁等风景建筑外还有书院、楚王宫等城镇重要的社会空间依山而建。南昌的东湖畔自明代始就被城内各类祠庙、书院、贡院、府衙等风景社会空间单元环绕，东湖在明万历年间开始架桥并环湖岸砌筑石栏杆，使湖岸更加符合城镇街道的行走要求，东湖在明清两代成为城内著名的公共游览地。

对于传统城镇社会功能的组织而言，在封建社会鼎盛期以政治、军事和文化功能为城镇的核心功能，而在衰落期则商业功能突出。城镇的军事驻防功能主要靠利用山形水系“因势设险”实现镇守的目的。武昌最初筑城于黄鹄山上，荆州最初筑纪南城于北部山丘之上，岳阳筑城于巴丘山之上，都是利用山体地势较高，达到军事驻防的目的。至于利用水系设险，则一方面直接利用大江、大湖为险，甚至通过挖湖蓄水、人工扩大水面来达到目的。例如荆州自三国至宋代一直“以水为守”，通过在城北人工挖掘“三海”形成渺然巨浸来抗拒北方骑兵的侵扰。就城镇商业功能发展而言，则主要依靠水路和陆路交通的转运功能来促进城镇商业的繁华，城镇外的水路交汇处的舟船渡口和驿站以及进出城门处是城镇主要商业区。商业的繁荣促进了城外滨水地带洲渚的繁荣发展，南昌城外广润门至进贤门的滨江地带，岳阳城南门外的滨湖地带和武昌城外的南浦、金沙洲等洲渚地带都是因城外草市的发展而繁荣起来。就政治和文化功能而言，城镇内外自然山水空间单元的清、幽之境可以结合建筑组群的建设烘托出庄严、肃穆的环境氛围，例如南昌城内东湖边聚集了众多书院和寺庙，而武昌城内的衙署也大多依山而建。

由此可见，在传统城镇中自然山水不仅是城镇风景环境组织的核心，同时也参与到城镇社会功能的组织当中，自然山水的环境组织功能是与社会功能的演替同步发展的。这种环境协同体现为自然山水的形态在城镇社会功能组织中得到一定程度的改造，使之更符合城镇风景空间环境组织的要求，而并非对其自然形态的一种彻底的磨灭。

综上所述，在传统城镇风景空间发展中，有以下八种主要功能可以与自然山水环境协同发展，分别是：军事壁垒、交通枢纽、祭祀宗教、行政、教育、商业、风景游赏和居住。

3．建立绿色空间意象

虽然传统城镇风景社会空间单元的组织和演化具有共同特点，但城镇风景面貌并没有因此而趋同，反而各具特点。究其缘由，这是传统城镇风景空间对其地理环境特征适应性良好的一种体现。武昌可以用“九湖十三山”的地理特征来描述其风景特征；南昌则通过“三湖九津”的地理特征来描述其风景特征；荆州则具有“三海八柜”的风景特征；岳阳的风景则全在“洞庭一湖”。这些特色鲜明的城镇山水环境为传统城镇风景空间意象的塑造提供了良好的物质基础。

在传统城镇中，具有代表性的城镇风景是由特征清晰的意象空间塑造出来的。岳阳的岳阳楼建于临湖的城垣之上是岳州府城的西城门，岳阳楼论规模的雄伟程度并不比湖广地区各城镇历代兴建的高大楼阁要壮丽多少，但其登临后可以俯瞰洞庭湖景物的宽阔，形成使人产生“水国何辽旷，风波遂极天”的风景空间意象是其所独有的。与岳阳楼相似，南昌的滕王阁建于豫章城外章江边的江滩地上，因城郭为庑，背城面江。但与岳阳楼不同，登临滕王阁所观之景是以眺望江对岸的西山和章江的洲渚美景为特色的，并不是单纯地欣赏章江水景。唐代的张九龄有诗云“城楼枕南浦，日夕顾西山”。因此，南昌城外滕王阁所欣赏的风景是由江、渚、山、城都共同组成的，也具有唯一性。而武昌的黄鹤楼原建于濒临大江黄鹄矶的城台之上，由三国时的军事瞭望台发展成著名的游宴楼。黄鹤楼可以成为武昌城的代表性风景，虽然与大江对岸汉阳的晴川阁隔江对峙，形成“龟蛇锁大江”的独特人文风景是分不开的，但更是来自于黄鹤楼所处的山水之境。在历代名画留下的画像中黄鹤楼是二层或三层的楼阁，但因其选址临水较近，在黄鹄山山体的映衬以及大江奔腾东去的映衬下，使得楼、山、江之间产生了诗仙李白所描绘的“雄雄半空出，四面生白云”的意境。

综上可见，在传统城镇风景空间中，所欣赏的风景不仅是著名风景建筑的形态，更欣赏的是登临风景建筑之后所看到和体验到的自然美景。这种体验式的风景欣赏方式使传统城镇风景空间意象的生成始终不能离开以城镇内外自然山、水风景形态欣赏为核心的临、观体系。可以说，传统城镇风景空间意象的核心是对风景基本空间要素美景的欣赏。

本章从形态学角度研究传统城镇风景空间的组织方式以及这种组织方式所形成的社会空间与风景环境协同发展的问题，并着重分析传统城镇风景社会空间单元的布局在自然山水的演替中所体现出的结构性同构的问题，以此来深化对传统城镇所呈现的“景与城融”风景面貌问题的探讨。传统城镇风景空间的生成是一个历时性问题，从空间层面来说，是风景社会空间单元占据自然山水环境优势区位的过程；从意识层面上来说，是古人对自然山水环境美感特征认知的强化；从组织方式来说，是通过在相对匀质的城镇空间中以尺度偏离的方式实现风景形态的突出。对传统城镇风景组织的研究可以从中归纳出对当代城镇风景系统建构有意义的策略，即建立自然山水分级利用体系、增强城镇主体功能的山水环境参与性和建立绿色空间意象。

第5章

传统城镇风景空间的现代转型

通过前述章节对中国传统城镇风景组织与协同的研究可以看出，传统城镇风景之所以形成一种“城景共融”的风景景象，是社会空间发展伴随自然山水环境演化作用的结果。城镇的自然山水环境是风景空间结构形成的基础，也是核心。但这种“城景共融”的风景空间结构是传统城镇礼制空间结构在风景层面的一种延伸，是在以“礼制”为价值内核的基础之上经历不断的生长、膨胀、破裂和再生长而形成的。可以说，传统城镇风景空间中的自然山水是辅助生成城镇礼制空间结构的一种重要环境因素。

然而，随着时代的进步和社会的发展，当中国城镇的社会文化根基遭到动摇，社会空间结构发生重大转变之后，城镇风景空间的结构也随之发生转变。如何在当代社会中重塑自然山水环境在城镇风景空间中的意义成为本章的研究内容。重塑自然山水环境的意义并不是出于“尚古”或“复古”的目的，而是要“用一个更大的发展可能去取代那个已经趋于穷尽的发展可能”❶。

❶ 胡德瑞，何建清. 城市生长的分析研究：兼论历史文化名城漳州的产生和发展[M]. 天津：天津大学出版社，1990：39.

本章以城镇风景空间中自然山水环境与城镇发展的协同关系为研究对象，探讨传统城镇风景空间现代转型的可行性，以此提高城镇风景空间的整体性，改善城镇风景空间质量。有鉴于现代西方著名的“花园城市”和“宜居城市”在改善城市建成环境的风景质量上拥有较成熟的城市风景规划和组织策略，对中国当代城镇的风景空间发展和组织具有一定的指导和借鉴意义。因此，本章的研究对象将不拘泥于湖广地区的传统城镇，而是以西方著名的“花园城市”和“宜居城市”的战略性规划为主要研究对象，探讨基于现代社会发展语境下城镇风景空间发展的协同策略和可能的转型途径。

5.1 城镇风景空间传统与现代的划分

在本节所研究的传统城镇风景空间现代转型中，所谓“传统”和“现代”的区别不仅与历史范畴的相关年代划分存在对应关系，主要还是就自然山水环境在城镇风景空间组织中的特征和理论性质而言。城镇风景空间的传统和现代的划分可以依据以下三个方面进行：

（1）理论基础

研究传统城镇风景空间的理论基础是建立在“天人合一”文化总纲之上的。“天人合一”思想是一种大一统的理论体系，渗透到中国传统文化的方方面面，从传统的文化思想体系到传统城镇的建设实践都体现出中国古人认为人的思想和行动要与自然环境相交融的观点。然而随着现代科学技术的发展，人们分析和研究问题的能力进一步提高，对自然山水环境的认识不再是出自对宇宙、自然演变的观察以及对自然山水环境的生态、美学和文化意义的演绎之上。关于城镇风景空间的现代研究理论基础更加丰富，主要有哲学、美学、社会学、历史学、建筑学、风景园林学、地理学等诸多方面，其研究内容更加深入、研究成果也更加丰富。

（2）研究方法

传统研究方法可以分为哲学和思想层面的思辨性、点评性的赏鉴与辨误，以及以考据为主要方式的对历史现象和历史遗存的解析。传统研究主要是通过历史文献、艺术作品、游记等相关内容的分析整理，来说明历史景象和历史遗存是如何形成的，主要以定性的方式来研究城镇风景的感受和历史渊源，属于一种解释性研究方法。这种方法能帮助人们对城镇风景做到“知其所以然”，但在对于实践环节的指导性方面尚有欠缺。而现代研究方法则越来越注重描述性的实证研究以及具备完整理论框架和系统方法的演绎性研究，因而关于城镇风景塑造的“策略”研究是城镇风景现代研究的重点。

（3）研究范畴

从人类社会发展的脉络来看，城镇在社会发展脉络上经历了从农业社会到工业社会再到后工业社会的一个发展过程。人们对风景的欣赏也随着审美观念由传统美学视角向后现代美学、由传统哲学向后现代哲学而发生嬗变。关于城镇风景的研究形式也相应地由传统研究注重解释风景是如何传达出“气韵、风骨、境界”，转向注重研究风景现象背后所传达出的“形式、生态、社会、技术”意义。因此，传统的研究范畴多为哲学或文学研究的派生结果，研究成果以感悟和归纳演绎的形式体现；而现代风景研究则更加注重多学科理论知识的相互渗透，理论研究成果也更注重系统性和完整性。

基于上述分析，本章将城镇风景空间“传统”与“现代”的两个研究阶段限定在1911年之前和1999年之后。

1911年中国城镇的社会空间发生了巨变，由民族资产阶级发动的辛亥革命结束了中国长达两千年的封建统治，在中国掀起了新文化运动，城镇也开始走上社会和空间结构重建之路。由于思想意识的转变，使得人们看待城镇风景空间的视角由经验主义转向理性主义，城镇中的自然山水不再是构成城镇空间结构的一种必不可少的环境景物，而更多地被看作是一种城镇建设的环境基底或生产、游憩空间。

1999年国际建协第20届会议在北京召开，吴良镛先生起草了《北京宣言》，总结20世纪的城镇建设是一种“大发展”和“大破坏”，并提出21世纪是一个转折期。《北京宣言》促使学术界重新审视城镇发展在经历了“混乱的城市化”和“环境祸患”之后城镇与自然环境的关系。西方早在19世纪末开始探讨城市与自然环境和谐共处的方法，至今已搭建起了一套较完整的理论研究体系；而中国学术界则在广泛吸收了西方理论框架之后，开始回顾中国传统文化中的相关思想，探寻一条以尊重自然山水环境为基础、追求城市环境风貌与自然山水环境意境相协调的、具有中国传统文化内涵的理想城市之路。

由于人文社会学科研究的延续性，本节所划定的年代并不意味着传统研究的终止和现代研究的开始，而是就研究数量和性质而言做出的区分。

5.2 城镇风景空间发展的阶段性特征

5.2.1 城镇风景空间的传统特征

相较于现代城镇在全球文化趋同影响下形成的城镇风景面貌，传统城镇风景空间具有独特的文化特征。中国古人由最初对自然环境的敬畏发展出山水崇拜，并以此为基础形成了独特的集宇宙观、自然观、山水游赏和山水审美为一体的山水文化发展脉络。在传统城镇风景空间中，自然山水作为环境景物从宏观到微观、从具体到抽象，以一种独特的文化方式编织进城镇生活之中，以此来与自然环境保持某种微妙的制衡关系。人类学家克拉克洪认为，虽然人类社会文化表现形式不同，但纵观人类发展的历史阶段可以将人对自然的环境取向大致分为三个阶段：（1）人类妥协于自然的支配而屈从于自然；（2）人类支配利用和控制环境的能力强化而凌驾于自然之上；（3）人类设法与环境和谐相处成为自然中固有的一部分。中国古人以山水作为组织城镇环境的中间环节，通过构造出某种介于世俗和神圣之间的中间景色来实现对自然的妥协、改造和与环境和谐的观念[1]。因此，城镇风景空间的传统特征集中体现为自然山水的环境组织特征，分为以下四方面：

[1] （美）欧·奥尔特曼，马·切默斯．文化与环境[M]．骆林生，王静译．北京：东方出版社，1991：23.

1．沟通天地的媒介

在中国传统文化观念中，对自然山水的崇拜出自于对自然力量的崇拜和敬畏。在传统文化观念中，中国山和水的发脉具有同一个源头——昆仑。昆仑之邱是人们想象中可以沟通天地的一座神秘高山。《淮南子·地形训》中云："昆仑之邱，或上倍之，……乃维上天，登之乃神，是谓太帝之居"❶，《山海经》中也说"河出昆仑"。中国传说中可以通天的昆仑神山与古希腊、古巴比伦、古埃及和古印度传说中的"大地唯一之山"、"宇宙之山"具有相同的意义，高山起到了沟通天地的天梯作用。伊利亚德认为这是中国人希望通过离天最近的自然之物建立起一种"太初状态"实现人类社会与仙界的统一❷。于是在中国传统文化中，无论山、水的大和小基本都有神怪传说。而人们居住的城镇和村庄也因离天的远近不同在空间的垂直分布上存在神圣和卑贱之分。维科曾从语言学角度分析过人类聚居的空间分布，拉丁语中用"高爽地区"表示贵族，用"低暗地区"表示平民，从而推论早期人类城市几乎都设在山上而村庄则散布在平原之上❸。在中国传统城镇建设中，这种影响也处处可见，例如武昌城的宫观、衙署也大都依山而建以表庄严。可见，自然山水的神圣意义不仅影响了宗教建筑的分布，也影响了人们在城镇聚居的空间分布。

❶（汉）刘安撰.（汉）许慎注. 淮南子四部丛刊本卷四[M]. 上海：上海书店，1989：26.

❷ 徐复观. 中国艺术精神[M]. 上海：华东师范大学出版社，2001：468.

❸（意）维科. 新科学[M]. 朱光潜译. 北京：商务印书馆，1997：275.

2．栖息地

对于中国古代的先民而言，聚居生活于山中首先可以得到狩猎、采集、耕种的便利条件，使得山成为人们生存所依赖的场所，山与人之间建立起了最初的生存关系。其后，山成为中国古代王朝最初的建立场所。《说文》中也有云："山，宣也"，从周代皇宫中有宣榭，汉代建有宣室可以看出，天子居于山中是神权的代表，是一种天子掌握与祖先和天神对话和沟通权利的象征。随着生产力的发展，古人的农业生产方式从山耕发展为农业灌溉，居住人群也由山林向河谷地带转移，沿水而居成为农业社会后期的主要聚居形式。但无论是山居还是临水而居，自然山水环境作为一种与古人生产、生活密切相关的栖息地，影响到传统城镇的选址。从历史上几大古都分布来看，关中地区、洛河平原、长江中下游地区和华北平原是相对集中的区域。虽然历代城址选择稍有不同，但从区域丘林、河流、平原的关系来看，城址选择一般都稳定在与周围山川和水系相对恰当的区域上。段义孚解释道，城镇建设选择山谷地连同其间的河流可能是因为山谷得到了周围大小山头的保护成为不易受伤害的场所，也是易于耕作的地点而成为富饶之地[1]。可见，自然山水的生态环境意义影响了城镇聚落的选址。

3．环境屏障

夫·施瓦茨曾说过："我们谈到景观空间就想到了家——山是墙壁、原野是地板、河流是路线、海岸是边界、山垭是门口"[2]。中国传统城镇聚落选址的理想环境是拥有山重水复、内向封闭的环境格局。一方面是顺应中国多山的自然地理条件；另一方面也是古人出于对城镇聚落环境存在感的需要。《玉髓经》中提到关于城镇在平原地区选址的依据是"望之无限，不见所际，据之无凭，不见所倚，然百十里间，皆是环卫。无一山不顾盼，无一水不萦回，虽别处数百里外山水，莫不来此交汇"[3]。如同《商君书》中写道："山水大聚会之所必结为都会，山水中聚会之所必结为市镇，山水小聚会之所必结为村落"。清《江西府志跋》中写道九江城的选址就遵循此原则"庐山高三百六十七丈，江水流三千数百余里，山水融结，于九江为要会"。传统城镇聚落规模的大小与作为环境屏障的城镇周边自然山水大小直接相关，甚至自然山水对城镇的环绕形态也成为一种古人相地择居的判断标准。《管氏地理指蒙·三奇》中写道"山水之三奇，以形势而言"。山的"三奇""曰赴，曰卧，曰蟠"；水的"三奇""曰横，曰朝，曰绕"。"其赴者，一起一伏，趋长江而垂垂；其卧者，横亘磅礴，如长虹隐雾，连城接垒；其蟠者，周回关镇，临湖涧而规规"；"其横者，悠扬宽闲，如横琴卧笏；其朝者，委蛇萦迂；其绕者，欲纳而临，如城郭之环卫"[4]。可见，城镇自然山水作为一种环境屏障为传统城镇的建设创造了环境归属感。

4．游赏地

人类文化是人与自然建立相互关系的过程，相应的中国古人将宇宙观、自然观逐渐浓缩于对山水之境的欣赏和赞美之中。游历山水，创作山水诗画、山水游记乃至建设山水园林，成为中国古人借山水之境寻古发思，创造精神寄托的一种途径。郭熙有云："身并于云，耳属于泉，目光于林，手缁于碑，足涉于坪，鼻慧于空音，而思虑冲于高深"。古人通过观山、观水将自然山水与个人品性发生关联，将山水游赏转化为一个个人观、悟的过程，以此在自然山水中找到平衡社会生活中的精神诉求。因此，中国古人将自然山水作为风景游赏地与西方人将自然山水作为探险地的做法有本质区别。钱穆先生说："山水胜景，必经前人描述歌咏，人文相续，乃益显其活处"[5]。在传统城镇的府县志中不仅有大量篇

[1] （美）奥尔特曼，切默斯．文化与环境[M]．骆林生，王静译．北京：东方出版社，1991：49.

[2] （挪）诺伯格·舒尔茨．存在·空间·建筑[M]．尹培桐译．北京：中国建筑工业出版社，1990：41.

[3] 何晓昕．风水探源[M]．南京：东南大学出版社，1990：119.

[4] 郑同点校．堪舆[M]．北京：华龄出版社，2009：125.

[5] 钱穆．八十忆双亲·师友杂记[M]．北京：三联书店，1998.

幅介绍城镇的山川形胜和风景古迹，还在“艺文”部分记述了大量的与城镇自然山水游赏有关的诗文。中国古代文人所崇尚的创作胸怀能够网罗天地、招引山川，即所谓“秉意乎南山，通望乎东海”、“望山白云里，望水平原外”。在这种浪漫主义思想指导下，传统城镇自然山水往往被描述成一种与人的居住环境相交融的仙境，所谓“云里帝城，山龙蟠而虎踞；雨中春树，屋鳞次而鸿冥”。可见，对自然山水环境的游赏是满足古人身与神流盼于其间的一种需求，是古人城镇生活不可分割的一个组成部分。

随着中国传统社会形态的终结，在城镇中将自然山水编织进城镇生活的方式也发生了改变。当代城镇中，自然山水不仅被掀开了其神秘的面纱，不再是传统风景中的神境、仙境、胜境、美境，而是还原了其在地理、地质和生态学方面的意义，在城镇发展中展现出了新的时代特征。

5.2.2 城镇风景空间的现代特征

从上一章的分析中可以看出，传统城镇风景空间的发展完全不同于现代的发展模式，传统城镇风景空间是一种建立在“礼制”基础上的、具有隐性结构的风景系统。从近现代开始，由于西方文化的大量输入，传统城镇风景空间的发展道路完全脱离传统路线，走上了基本上遵循西方社会的风景空间发展轨迹的道路。中国社会关系的变革使得作为传统城镇风景空间基础的山水环境意义发生变化，传统城镇风景空间的风景意义与传统山水环境模式脱离开来。因此，考察西方社会风景空间的发展轨迹对窥见中国传统城镇风景空间的近现代发展之路具有指导意义。

现代城市中公园是城镇风景空间的主要载体。景观历史学家盖伦·卡兰兹（Galen Cranz）研究了19世纪中叶至21世纪初美国社会的公园社会价值变迁，并归纳出西方社会风景意义的发展阶段❶：

（1）游乐场所阶段（1850～1900年）

由于西方社会市民阶层的兴起，公园不再是贵族聚会的场所，而被认为是可以广泛容纳社会各阶层而创造的一个使社会更加平等的娱乐场所。由于西方传统园林对风景的如画风格十分重视，使得公园在建设的早期阶段已具有田园牧歌式风景环境风格，这个时代的公园是以纽约的中央公园、伦敦的海德公园和肯辛顿公园、悉尼的百年纪念公园等为代表。该发展阶段的城镇风景环境的建设是促进社会平等的手段。

❶ Cranz, G. The Politics of Park Design: A History of Urban Parks in America [M]. MIT Press, Cambridge, MA, 1982.

（2）社区共建阶段（1900～1930年）

在社区工作者的积极倡导下，城镇公园开始转向为丰富社区生活而建设的阶段。公园中以设计有沙坑、浅水池和游乐场等为儿童和家庭的活动需求而安排的设施为标榜，社区公园成为城镇风景环境建设的主要发展方向。风景空间转向关注社区建设，通过风景空间与社区环境结合提高城镇居民的社区归属感，促进社会空间和谐发展。

（3）休闲场所阶段（1930～1965年）

由于城镇郊区化的发展，以休闲的方式取代早期公园注重游乐环境组织成为城镇风景环境发展的方向。公园中通过建设包含大量休闲建筑和休闲设施来支持城镇的体育运动和各类休闲活动，公园用地与城镇肌理结合得更加紧密。

（4）开放空间系统阶段（1965～1985年）

随着城镇公园数量的增多，城镇的管理部门考虑将城镇中各种类型的公园根据其在城镇主动和被动休闲需求中的作用建立起一种系统，以便协调城镇风景空间的合理发展。在城郊过渡的边缘地区有意识地保留一些空地为城镇将来可能出现的不可预知的休闲活动预留场地，以便进一步引导城市近郊区的社区建设。风景空间不再是城镇中单纯的美景和娱乐场所，而转向为利用风景空间的开放性引导城镇高密度建设与社会空间发展调控手段。

（5）环境修复阶段（1990年至今）

后工业时代的城镇，人们认为大工业时代遗留下来的棕地是制约城镇发展的一种环境伤疤。许多新建的公园通过对原先的工业废弃地的治理来改善城镇的环境质量，以吸引城镇家庭和个人将此类地区作为城镇休闲娱乐的主要场所。风景环境的建设，一方面转向通过建立环境和人类健康之间的联系纽带，以更加积极的生活方式为城镇居民在高密度城镇环境中生理和心理的恢复提供场所；另一方面通过对环境的生态改造来提高城镇在粮食短缺、生物多样性危机和气候变化中的应对能力。风景空间表现出与城镇建设的能源、交通、市政设施等多相位的结合态势，使风景空间的社会价值和使用可能得到更加广泛的延伸。

由此可见，由于城镇风景环境所面临的社会价值体系在不断变化，风景空间所体现的风景意义经历了从公众娱乐、社区发展到环境修复，从满足城镇居民的社会需求到满足城镇环境的可持续发展的历程。风景空间，在其环境意义不断丰富的同时，已超出了传统公园或园林的范畴，并向与城镇建设、农林生产、生态保护、风景旅游相结合的方向发展。近年来，“紧凑城市”、“低碳城市”、“生态城市”和“精明增长”等城市发展理论得到广泛认同❶，起到了控制城镇发展规模、改善城镇内部生存环境的作用，所传达出的生态保护、景观美学、历史文化和休闲旅游意义为城镇风景空间的组织和发展提供了理论借鉴。城镇风景空间也因此摆脱了传统文化观念的束缚，转化为更具有现代意义的、更加广阔的环境概念，拥有了新的内涵。

❶ 邵大伟，张小林，吴殿鸣. 国外开放空间研究的近今进展及启示[J]. 中国园林，2011，(01)：83-87.

城镇风景空间的现代特征具体可以体现在以下三方面：

（1）环境核心

当代城镇的环境问题有很大一部分来自于人类对自然环境资源的过度索取。现代社会人类向城镇自然山水环境索取的资源已经远远超出了传统的食物范畴，更多地表现为对能源和初级生产原料的索取。此外，城镇生活对矿物能源的依赖使得城镇的空气、土壤和水源遭到污染，城镇的环境质量低下。为提高城镇生活质量，城镇的建成区与自然环境保持均衡的发展是城镇发展的终极目标。为此西方社会在19世纪末就开始这方面的实践，并提出诸如“花园城市”、“田园城市”、“有机疏散城市”等设想，通过控制城镇建成区规模以及建设与外围自然环境相联系的城镇绿地系统来实现城镇环境的均好性。1977年MAB国际协调理事会第五次会议中正式提出“用综合生态方法研究城市系统和其他人类居住地”的概念，将城镇中的山川、河流、森林、农田与城镇作为一个有机体来研究，营造出人工环境与自然环境相协调的复合生态系统。因此，保护和完善城镇中具有规模生态效应的环境区域是城镇建设的重要环节。城镇中自然山水因环境容量大而成为城镇中重要的环境核心。保护城镇中的农田、林地和水体不仅是出于对地形地貌和生态环境的尊重，也是利用其与城镇间的环境气温梯度差来改变城镇小气候环境，在不增加能源消耗的情况下提高城镇生活的宜居性。因此，在城镇建设中寻求一种更加合理的山水环境资源利用模式，利用天然条件配合人工方法创造出富有生机的城镇环境是当代城镇共同追求的发展模式。城镇风景空间在当代城镇中体现为一种城镇环境核心的特征。

（2）环境共享

人本主义者认为，城镇的发展和变化始终是以人对自身生活质量的要求变化为中心的，在现代城镇中“关心市民是城市的原动力”❷。1961年世界卫生组织（WHO）提出了城镇居住环境的4条评价原则：安全性、健康性、便利性和舒适性。其中的健康性和

❷（美）奥尔特曼，切默斯. 文化与环境[M]. 骆林生，王静译. 北京：东方出版社，1991：453.

舒适性是与城镇环境质量直接相关。联合国第二届人居大会通过的《人居议程》中提出：“在公平的人类住区中，……能获得保护和使用自然和文化资源的平等权利和义务；而且能够平等使用各种机制确保各种权利不受侵犯”❶。在2000年的大温哥华地区远景规划中市民的参与性和权利的赋予性也作为评价城镇环境是否宜居的重要标准❷。可见，当代城镇注重市民对自然环境的公平享有是促使城镇发展的一个重要因素。

印度建筑师柯里亚认为虽然公众对城镇环境问题的支持都比较高调，但要想在改善环境问题上有所创造，就必须在市民的生活方式上有所创造❸。现代城市规划先驱盖迪思曾经提出城镇“生活图式”模型，揭示了人的城镇生活与环境依存的关系是一种实际生活与精神生活交织并螺旋式上升的规律❹。根据麦克哈勒在《世界的事实和趋势》中对当代城镇生活方式做出的统计：工业社会中人的劳动时间大约占一生的10.4%，而休闲时间约占38.6%；在后工业社会中，很多工作方式和休闲行为更是难分泾渭，使得休闲时间更长、方式更加自由。城镇休闲生活是社会文明程度提高的重要标志。当代城镇风景空间用于市民开展休闲生活的方式与传统方式有明显区别，不再是为了避世逸情，而转向为一种城镇工作生活压力的释放和转移。人们在风景环境中开展休闲活动的深度和广度较传统方式有了很大的提升，游览城镇自然风景是对城镇社会休闲方式的一种补偿，在风景环境中进行野外娱乐和体育活动是休闲活动的一种主要方式。然而在快速城镇化进程中，在集团利益的驱使下包括河道、湿地、风景林等公共性自然风景资源被各种城镇开发建设项目蚕食甚至私有化，使得相对于高密度的城镇建成环境显得非常珍贵的自然风景资源更加稀缺。因此，将当代城镇风景空间作为一种公共利益，一种可供全体市民共享的环境资源，才能改变现代城镇建设因对风景空间超高环境附加值私有化的重视而带来的建设性破坏，以提高城镇生活的宜居性。

（3）环境文脉

根据文化人类学观点，凡是城镇的“传统”都可以被视为一种优秀的城镇文化，是传承城镇某种特性的载体。因此，虽然说传统城镇在时间的演进过程中其历史环境的面貌会发生变化，但其环境特质可以通过一种文化传统延续下来。这种文化的传承就是文脉，是可以忽略以时间作为环境演化的标尺，不会因历史朝代的更迭而发生转移。在传统城镇中承载文化传统的物质载体不

❶ 徐小东，王建国．绿色城市设计：基于生物气候条件的生态策略[M]．南京：东南大学出版社，2009：30.

❷ 张文忠．宜居城市的内涵及评价指标体系探讨[J]．城市规划学刊，2007,（3）：30-34.

❸ 邵大伟，张小林，吴殿鸣．国外开放空间研究的近今进展及启示[J]．中国园林，2011,（01）：83-87.

❹ 吴良镛．人居环境学导论[M]．北京：中国建筑工业出版社，2008：11.

仅有历史建筑、历史街区、古树名木等，还有自然山水环境。1964年《威尼斯宪章》中指出的“历史古迹包括能从中找出一种独特的文明、一种有意义的发展或一个历史事件见证的城市或乡村环境”。虽然说传统城镇的兴起大多出于政治统治和军事驻守的目的，但利用自然山水形势的险峻筑城是城镇建设的一条基本规律，枕山带河是城镇环境生成的一个重要传统。在城镇建设活动的参与下，传统城镇的自然山水环境形态的变化可以作为见证城镇发展的一种重要因素。自然山水环境不仅是一种地理景物也是承载城镇发展的一种环境遗存，因而具有历史性。因此，城镇风景空间的自然山水环境是传统城镇的一条重要的环境文脉。传统城镇的发展是一个不断延续的历史过程，城镇的建成环境在城市化进程中不断地改变，将自然山水环境作为一种环境文脉，保护和继承其物质和精神空间的完整性是当代城镇发展的另一种文化诉求，也是展现城镇魅力、塑造城镇环境特色的重要依托。

综上可见，在当代社会、经济和技术发展背景下，传统城镇风景空间已经由一种在传统“礼制”引申下畅神、逸情的空间蜕变为一种环境空间。风景空间与城镇空间的结构关系从依附于传统城镇礼制空间的隐性结构，转向一种相较于城镇生产、生活空间而言相对独立的空间形式，成为构成城镇空间结构的重要空间组织环节。

5.3　现代城镇风景空间发展的主要特征与协同策略

现代城镇风景空间正转向一种关注城镇环境质量改善、文化建设支撑和公共休闲生活组织的空间发展模式。城镇风景空间组织中倡导实施一种以环境观念为先导、起点和推动力的城镇整体发展战略计划。

有鉴于西方都市在构建城镇风景中所做的实践比中国当代城镇历史悠久、体系健全，因此本节将通过西方著名都市城镇风景环境组织案例的研究，探讨基于现代视角的城镇风景空间发展的主要特点，总结风景空间组织的主要途径，为当代传统城镇风景空间的重塑提供策略和启迪。

5.3.1　现代城镇风景空间发展的主要特征

1. 健康导向的城镇绿色空间增长

在发达国家，城镇化已经进入相对稳定的阶段，城镇风景空间的发展越来越多地需要面对城镇土地资源有限而城镇规模不断扩大、基础设施老化和建成环境更新等问题。当代城镇的规模性与复杂性已远远超出传统城镇，以传统风景美学的形式美和文化性为指导原则已很难应对当代城镇风景空间发展的多样性要求。城镇风景空间在提升居住环境、有利居民健康方面所发挥的作用受到重视。城镇风景空间塑造不仅以拥有美好的社区环境为基本诉求，还将拥有更多、更均衡的绿色空间作为评价城镇风景环境质量好坏的标准。

纽约市拥有全美国最大的公园系统。纽约的公园建设分为三个阶段：19世纪60年代，奥姆斯特德和沃克斯为纽约建设了以中央公园、展望公园、河滨公园、东方公园大道和海洋公园大道为代表的城市大型绿色公共空间，不仅创建起了纽约的绿色空间骨架而且为纽约增加了1900英亩绿地；1929年罗伯特·摩西修建了琼斯海滩州立公园，开启了纽约公园建设史的第二个辉煌时期，自1934年至1969年纽约的公园绿地由1.4万英亩（1英亩≈0.4hm^2）增加至3.46万英亩，共建设了17英里（1英里≈1.6km）的海滩和84英里的公园大道；自1981年纽约开始利用城市内部的废弃地和空地建设公园，新增公园绿地300英亩，公园数量增加至1800个。虽然截至2007年纽约共有公园绿地2.9万英亩，但这种公园绿地的规模在20世纪的大部分时间里仍然跟不上纽约社区人口增长的速度❶。在2011年的《纽约城市规划：更绿、更美好的纽约》（plaNYC）中将每个纽约人都可以公平地享有绿色开放空间作为城市发展的一条原则，为此在《纽约市远景规划2030》中将“必须保证所有纽约人居住在公园的‘十分钟步行圈’中”作为一项规划目标，见图5-1。为实现该目标，纽约在2002～2007年间通过改造垃圾填埋场建设2300英亩的弗莱士河公园、在布什码头修建20英亩的河滨公园等新增公园绿地2700英亩。

❶ City of New York. PLANYC: A Stronger, More Resilient New York [R/OL]. 2013 [2013-6-11]. http://www.nyc.gov/html/sirr/html/report/report.shtml.

温哥华的绿色空间是指城市发展中被保留和保护的用地，用于市民休闲娱乐，满足社会交往需求，保护野生动植物并可以将自然美带进城市社区的绿地。其类型更加多样，包括公园、绿道、海堤、街头小公园、尚普兰高地步行系统、自然绿色空间以及与公园类似的、具有开放性的城市公共设施用地内的绿地。绿色空间的丰富使得温哥华因拥有富有特色的自然风景环境而成为世界最宜居城市之一。截至2010年，温哥华约有92.6%的居民居住在步行5分钟可以到达绿色空间的社区中。为了维持这一城市风景特色，温哥华在《最绿的城市：温哥华行动规划2020》中将“接

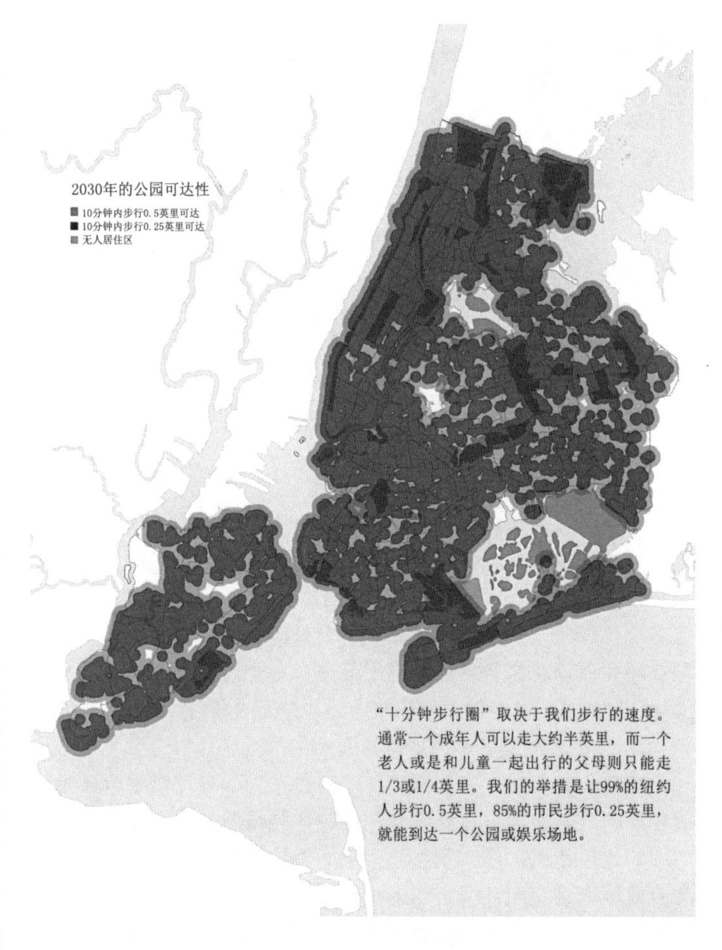

图 5-1　纽约 2030 年 10分钟公园可达性分析（资料来源：PLANYC：A Stronger，More Resilient New York❶）

❶ City of New York. PLANYC：A Stronger，More Resilient New York [R/OL]. 2013 [2013-6-11]. http://www.nyc.gov/html/sirr/html/report/report.shtml.

近自然”作为城市公园、开放空间规划的目标，并进一步提出至2020年所有温哥华居民可以实现步行5分钟即可到达公园、绿道或其他类型的绿色空间的宏伟目标。

巴塞罗那的城市绿色空间增长则更具特点。由于巴塞罗那城市空间非常紧凑，城市的大型公园绿地主要分布在城南滨水区和奥林匹克村以及城北的科尔塞罗拉山一带，城市内部绿色空间缺乏，见图5-2。为了增加城市内部的绿色空间，巴塞罗那出台了“一体化自然”的绿色空间发展策略，在巴塞罗那《绿色基础设施和生物多样性规划2020》中所定义的绿色空间类型几乎囊括了城市中从城郊的山体、森林、公园、花园，到街道、广场、屋顶等所有可以被绿色植被覆盖的区域。巴塞罗那城市绿色空间的一个

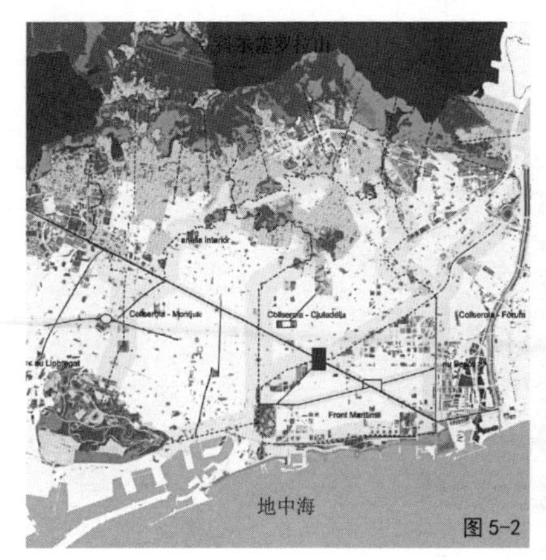

图 5-2 巴塞罗那绿色空间分布
（资料来源：Barcelona green infrastructure and biodiversity plan 2020：Summary❶）

图 5-3 巴塞罗那“一体化自然”城市意象图
（资料来源：Barcelona green infrastructure and biodiversity plan 2020：Summary❶）

重要特点就是通过在街区中植入绿色空间来改善由于街区扩张造成的城市内部绿色开放空间缺乏的现象，减少给居民的日常游憩与交往带来的不便。巴塞罗那提出了利用街区内建筑屋顶平台创造多样化绿色空间的策略，屋顶平台被改造成为都市农业、儿童游戏场和屋顶花园等场所，用于开展有利于居民身心健康的户外活动，打破了街区拥挤不堪和缺乏公共空间的局面，见图5-3。

2．功能导向的城镇风景空间整合

在当代城镇中，将城镇风景空间看作为一种可以整合各种城镇功能的公共空间，提高风景空间在各类城镇功能空间和社会活动中的连接作用，使风景与社会空间集约发展是以城市设计为导向的城镇风景空间环境组织的重要策略。在城市设计的视角下，城镇风景空间的整合连接是多向度的，不仅包括以绿道、自行车道、步行道为代表的物质空间连接，还包括人们与美好风景之间的视觉连接。城市设计角度的城镇风景空间整合主要在城镇风景空间要素间建立多样的功能联系，通过风景空间功能的多样化实现游憩方式的多样化，以此完善风景空间系统，促进城镇风景空间社会功能的改善。

墨尔本在2006年的《城市设计战略：迈向更美好的公共墨尔本》中指出一个规划良好的城市公共空间环境可以促进更多地以步行和自行车运动为代表的日常体育运动展开，它也是提高城市活力和使居民产生幸福感的重要因素。墨尔本也将发展“绿色都市”作为城市发展的战略目标，为市民提供更好的空气和水，更多开放的自然空间以及宜人的环境。在《墨尔本土地利用和就业

❶ City of Barcelona. Barcelona green infrastructure and biodiversity plan 2020：Summary [R/OL]. 2011[2014-4-6]. http://w10.bcn.cat/APPS/cercagsa/search.do?idioma=es.

率普查》中，墨尔本全市的公园在2002年占总的城市未建设覆盖用地的比例为24.5%，2010年为25.6%；而墨尔本城市中心区CBD的公园用地2002年仅占其中的7.3%，2010年提升至10.8%。由于墨尔本城市空间结构比较紧凑，使得墨尔本的“绿色都市”发展计划并不是建立在提高城市内部的绿色空间数量、增加公园绿地比例的基础上，而是以强调通过城市风景系统的完善，提高绿色空间质量，形成紧凑、可持续、高效的城市开放空间综合利用体系。墨尔本的绿色空间是一个庞大的系统，由公园体系、林荫道网络和水系组成。墨尔本的绿色空间主要强调通过提高林荫道、绿道和水系的绿色网络连接，实现绿色开放空间对社区和城市公共空间的缝合作用。2010年的《南墨尔本概念性远景规划2030》遵循了对街区边缘和公共空间节点高度关注的城市设计原则，将街区的林荫道系统引入规划之中，通过建立以街道绿色空间为核心的林荫道系统将雅拉河和社区、公共空间以及其周边的公园系统缝合为一个整体，形成集公共活动和绿色空间为一体的、以步行为导向的开放空间综合利用体系，见图5-4、图5-5。

为了解决人口剧增、城市化加剧和实现建设“花园城市”的重要规划目标，新加坡建设了数量庞大的公园和连接众多公园的绿道系统。新加坡的绿道系统网络布局范围广，将城市内部公园、绿地等公共开敞空间与城市近郊、远郊的风景名胜有效串联起来，形成“城市-近郊-远郊”一体化的生态、休闲的绿色空间体系。由于新加坡是岛国，土地资源有限，它的绿道系统建设不

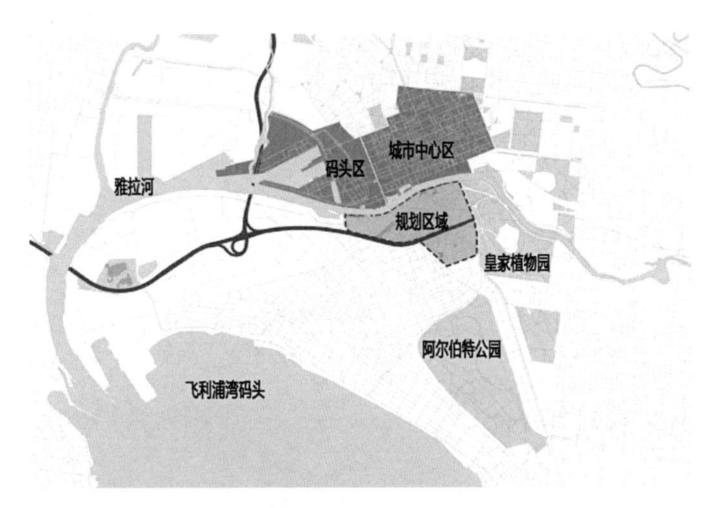

图5-4 南墨尔本概念性规划区位图

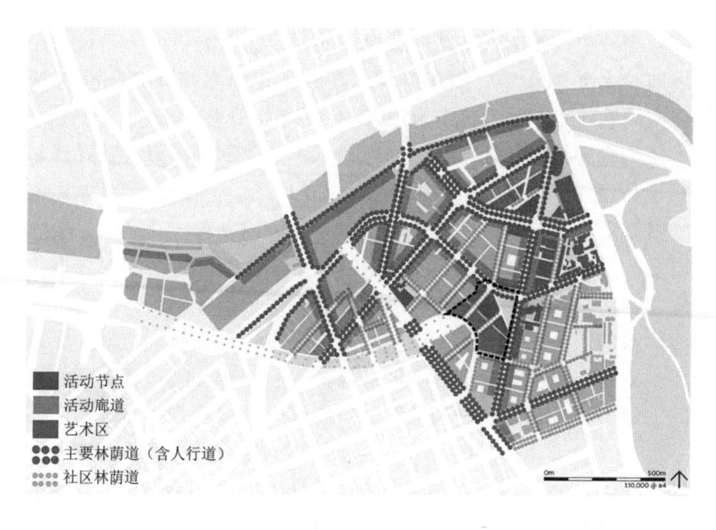

图5-5 南墨尔本概念性规划
（资料来源：Southbank Structure Plan 2010：A 30-year Vision for Southbank❶）

❶ City of Melbourne. Southbank Structure Plan 2010：A 30-year vision for Southbank[R/OL]. 2010 [2014-4-6]. http://www.melbourne.vic.gov.au/About-Melbourne/ProjectsandInitiatives/Southbank2010/Pages/Southbank2010.Aspx.

同于英国和美国的绿道系统，主要立足于在高密度建成环境中满足公众的户外休闲活动和野生动物栖息生存需要而建设多功能公园连接道系统。新加坡的绿道系统连接着人口密集的社区、主要公园、自然保护区、名胜古迹和其他自然开敞空间，使公众能够通过不间断的绿色慢行系统游览全岛，见图5-6。新加坡的绿道为使用者提供了绿色生态廊道、欣赏各类景观和开展不同距离休闲活动的丰富选择。

图5-6 新加坡公园连接系统
（资料来源：https://www.nparks.gov.sg/gardens-parks-and-nature/park-connector-network）

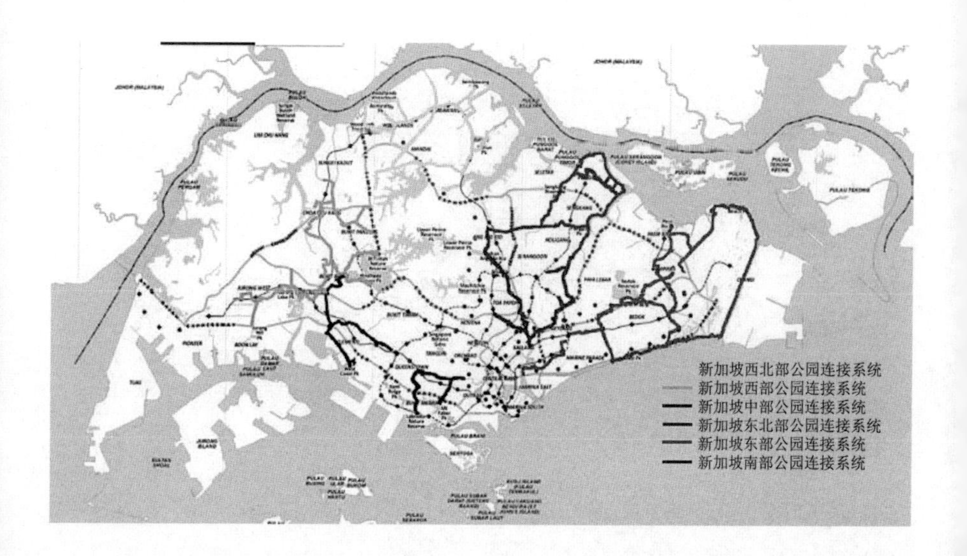

新加坡的绿道系统在选线时充分利用城市水系边的缓冲区、机动车道预留区等土地利用效率不高的用地来提升公园、自然保护区等绿色开敞空间的可达性。新加坡北部的18条绿道，选线大多沿兀兰区现状道路，主要服务于周边居住区、学校和商业区；少数绿道与水岸平行，构建了良好的滨水休闲绿道；在无现状道路和水系的地区，修建了乌鲁三巴旺绿道，连接曼岱（Mandai PC）和兀兰（Woodlands PC）地区。新加坡东北部自然环境优美，绿道系统的修建十分重视与道路、桥梁等基础设施的无缝衔接，形成了新加坡自然环境最优美的风景走廊，见图5-7。

3. 文脉导向的城镇风景空间特色保护

保护城镇风景特色，增加城镇风景空间的场所感和环境认同感是提高城镇风景空间环境质量的另一个重要特征。完善开放空间与建成区之间的布局形态，有助于城镇风景空间意象的建立。在城镇发展中要想维持和突显城市风景特色，就必须对形成这种格局的自然风景环境和城市标志性景物进行有效的保护、管理和控制，减少特色风景在城市空间演化中消失以及城市环境文脉被割裂。

伦敦城镇风景的发展建立在高度关注城市环境问题的基础上，强调以城市设计的方法和手段来实现风景控制。对伦敦而言，城镇风景可以理解为具有欣赏价值和愉悦功能的城市视觉风景，开放空间则是由一系列有助于保存城市文脉特点的环境场所串联而成。因此，伦敦对其城市风景空间特色的保护是通过对具有历史价值的风景场地和遗产建筑的认定，以及在这些重要的风景场地和景物中选取最具特色、能够被观赏者的视线所及、使观

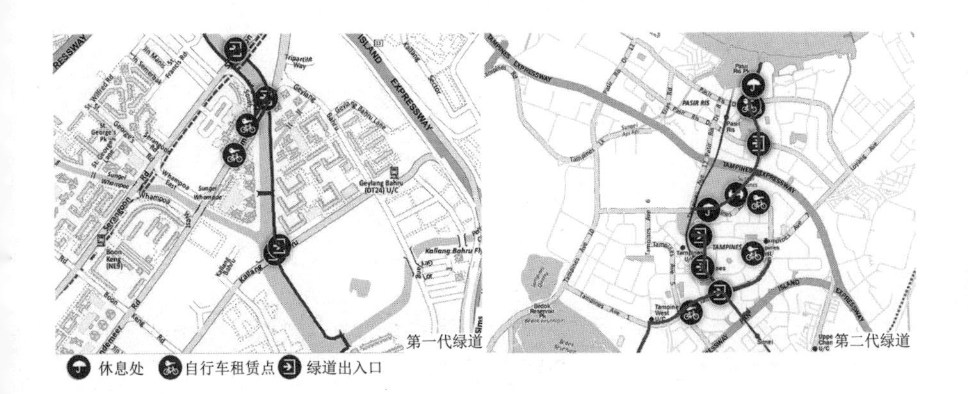

图5-7 新加坡第一代绿道和第二代绿道（资料来源：https://www.nparks.gov.sg/gardens-parks-and-nature/park-connector-network）

赏者感受到风景美和产生心理愉悦的眺望点，并在其间划定风景眺望廊道来实现。在《大伦敦规划2011》中提出了应充分利用这些文化遗产和历史环境来塑造地方风景环境的场所感。为了最大限度地保护城镇风景的典型性和标志性，使城镇最具特色的风景不会在不断演化的城市空间中湮灭，同时也能在城市公共生活中通过市民的游憩活动被感知，生成环境认同感，伦敦还制定了极富特色的眺望风景战略。伦敦的眺望风景战略分为市域战略和地方眺望视野协定两级体系。市域眺望风景战略是以伦敦地标性建筑圣保罗大教堂和国会大厦为核心眺望点，以伦敦城外山地上高度相对较高、公众可达性好的公园作为其他眺望点，通过经纬度准确定位对眺望对象间的建筑高度进行控制，从而达到保护城镇风景特色的目的，见图5-8和图5-9。

相较于伦敦的城镇风景特色保护立足于风景点间的眺望风景整合，堪培拉的城镇风景特色保护则是从风景环境的整体性出发。堪培拉是一个年轻的城市，1918年的格里芬规划为堪培拉创造出的几何式街区结构，湖、山、城相交融的城镇风景结构是这个城市最重要的环境文脉。为了保护这一环境特色不在堪培拉城市扩张中消失，堪培拉在其2013年出台的《首都规划》中，明确提出将保护和延续格里芬规划所形成的首都核心功能区与山、湖相融的城市风景空间格局作为新一轮堪培拉都市区规划的核心内容。一方面，在《首都规划》中开创性地提出建立首都空间系统，将环绕城市的山岭和城市内部的山丘、主要湖泊河流廊道、穆伦比基河以西的灌木林和远处的群山都纳入该空间系统中。堪培拉的首都空间系统包括四种不同的空间类型：一是象征性空间，为首都提供独特的纪念性风景；二是保护区，包括保护自然和文化遗产，包括国家公园、遗产和荒野地区、自然公园保护地；三是

图5-8 伦敦眺望风景远景保护图（资料来源：The London Plan: Spatial Development Strategy for Greater London❶）

图5-9 伦敦地方眺望视野管理示意图（资料来源：The London Plan: Spatial Development Strategy for Greater London❷）

❶ City of London. The London Plan: Spatial Development Strategy for Greater London[R/OL]. 2011[2014-4-6]. http://www.london.gov.uk/priorities/planning.

❷ City of London. The London Plan: Spatial Development Strategy for Greater London[R/OL]. 2011[2014-4-6]. http://www.london.gov.uk/priorities/planning.

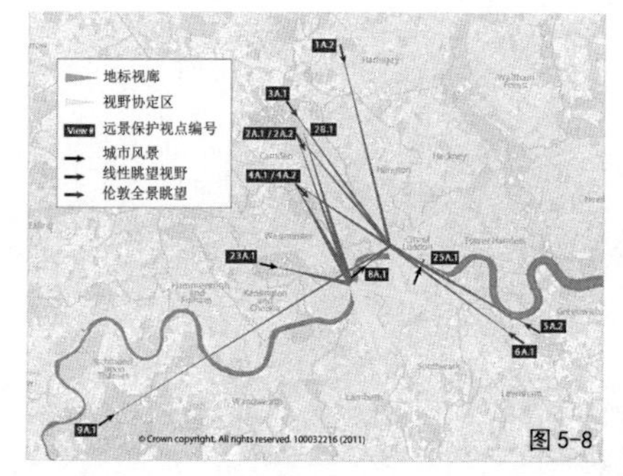

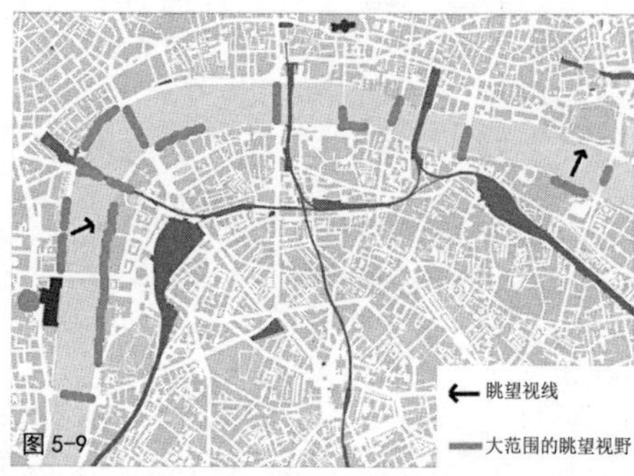

居住空间中的各类休闲和娱乐公园；四是将城市用地和开放空间的物质和视觉连接起来的廊道空间。堪培拉首都空间系统将四种土地利用类型涵盖在一个整体中，即格里芬湖，山丘、山岭和山坡地，河流廊道以及山脉和灌木林。提出如此庞大的土地利用体系是为了延续格里芬规划创造的环境特征，它将城市周边的自然山水风景作为城镇风景空间的风景环境背景和视觉焦点的“花园城市”。另一方面，规划提出通过城市设计的方法延续格里芬规划所创造的城镇风景空间核心区环境文脉。格里芬湖是城镇风景空间的核心，它被誉为是城镇风景空间中首都政治文化功能、游憩活动的发生和组织的“驱动器”。格里芬规划的主要贡献之一就是在首都功能核心区中开创了湖滨用地的混合利用，通过湖岸公园与沿湖滨用地的结合，实现文化机构、政府大楼和主要国家景点的有效融合。因此，在《首都计划》中对格里芬湖沿岸的土地使用兼容性和建设内容、适合开展的活动类型以及允许新增类型都做了详尽的规定，见图5-10。

波士顿贝肯山历史街区的城镇风景特色保护则从街区环境和街区遗产建筑保护方面展开，通过保护建筑、交通和环境等造来

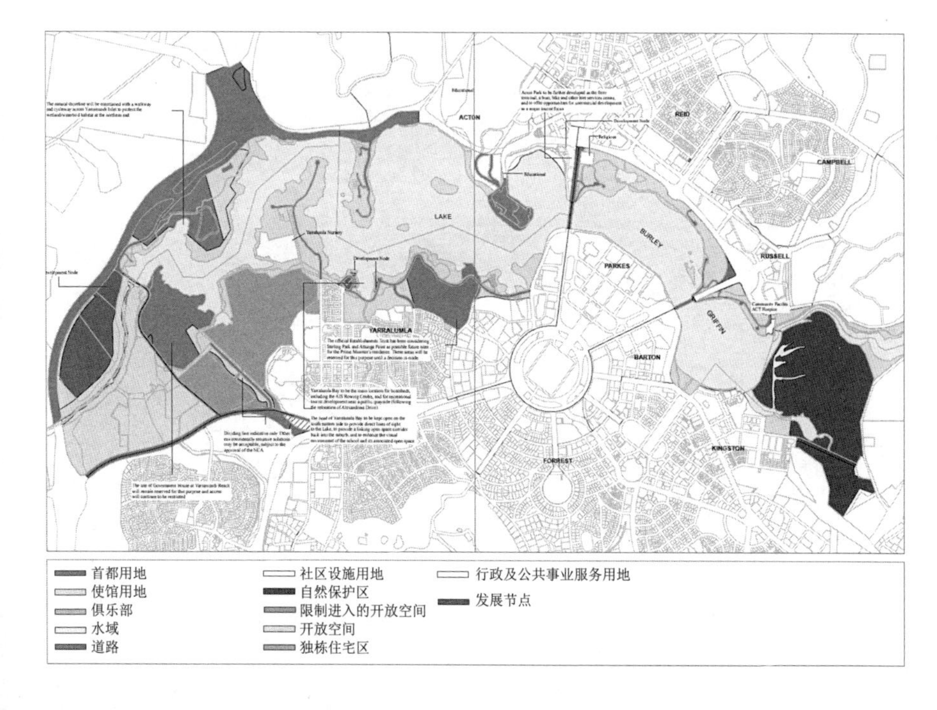

图5-10　堪培拉首都核心区土地利用图（资料来源：Consolidated National Capital Plan[1]）

[1] National Capital Authority. Consolidated National Capital Plan[R/OL].2013 [2014-4-6]. http://www.nationalcapital. gov.au/index.php?option=com_content&view=article&id=372&Itemid=260.

维持城市文化脉络和历史真实感，实现心理上的环境认同感。贝肯山是波士顿城市文化的先驱，汇聚了各个历史时期的各种类型建筑，包括故居、历史建筑典范和行列式住宅。砖红色的街区、风格各异的建筑、幽静狭窄的砖砌道路，共同组成了贝肯山的街区特色风貌（图5-11）。贝肯山历史街区保护成立了贝肯山建筑委员会，由政府、民间组织和广大市民共同监督管理。历史建筑的保护主要针对建筑的石工、屋顶、窗户和门的保护，以保护建筑的原材料和色彩为主，修复原建筑为辅；沿街建筑立面保持原有风貌，新建部分要隔离马路视线❶。历史街区在保护的基础上需求发展，把历史建筑融入现代生活中，在保留原有的建筑街道肌理的基础上改造功能。居民可以向贝肯山建筑委员会提出改造申请，审查者在考虑建筑的价位、风格、材料、色彩等影响街区风貌的因素后，确定外部颜色的更改、局部的增加或删减以及材料的使用等。

综上所述，文脉导向上的城镇风景空间特色保护体现在城镇的各种尺度上，从小尺度的街区风貌保护以及地标性建筑的保

❶ City of Boston Environment Department. Historic Beacon Hill District Architectural Guidelines, specific guidelines, roof and roof structures [R/OL]. 2016 [2016-9-18]. http://www.cityofboston.gov/Environment/pdfs/beaconhill_guidelines.pdf.

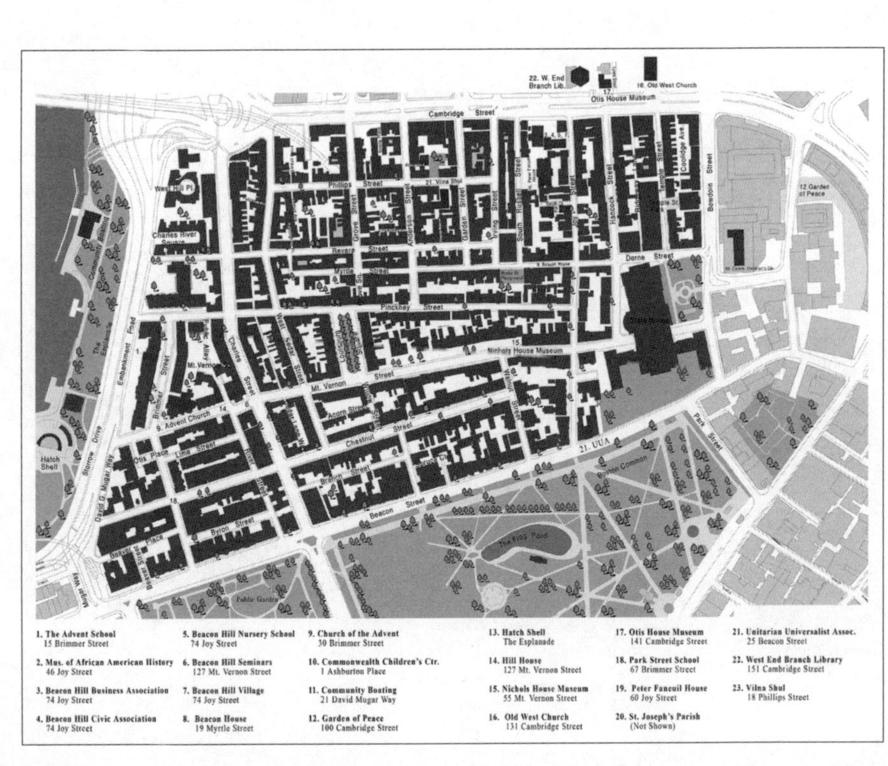

图5-11 贝肯山街区平面图
（资料来源：http://www.bhcivic.org/living-here.html）

护，到更大尺度的风景空间联系与保护，再到大尺度的整体城市风景结构的保护。在尊重原有城市肌理的基础上，维护和保持这些风景空间，赋予新的功能和联系。

4. 活力导向的城镇风景环境可持续发展

当代城镇风景空间发展所面临的主要挑战是需要应对越来越不稳定的环境。城镇风景环境能够拥有一定的弹性去适应自然和社会发展带来的变化被认为是城镇环境具有活力的表征。在当代城镇发展中，保护城镇风景资源实现风景与环境效益间的平衡，是城镇风景空间实现公共游憩与环境保护协同发展的重要策略。虽然不同的城市对风景资源保护价值的认定是不同的，但是现代普遍认为对城镇风景资源合理利用是实现城镇风景环境可持续发展的一条重要途径。

在新加坡，“可持续”发展意味着有活力的公共环境与优质的自然环境能够兼容。新加坡城市发展受土地、水和能源资源供给能力限制严重。为此，新加坡通过提高建成区的建设密度来达到在城市中保持大量绿色开放空间的目的，见图5-12。根据《新加坡高品质生活环境：以土地利用规划支撑未来人口研究报告2013》中对新加坡土地利用状况的统计，截至2010年新加坡公园和自然保护区用地面积为5700hm²，占城市总用地的8%，仅新加坡城市中心的中央集水区自然保护区就占地3000hm²，占总绿地面积的52.6%。这些大面积的绿地一方面柔化高密度建成环境所带来的压迫感，从而美化了城市环境；另一方面也是新加坡水资源综合利用系统中的一个重要组成部分，起到雨水收集和淡水储存的目的。至2009年，新加坡国土面积的2/3已被划为集水区收集雨水。目前，新加坡共有大小水库14个，面积为3700hm²，占城市总

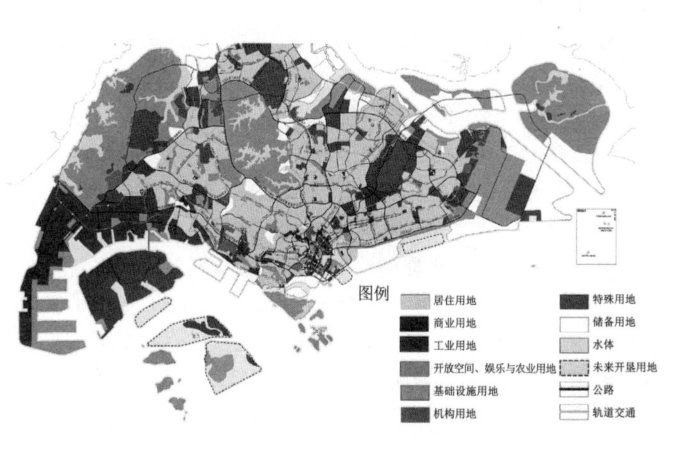

图5-12 新加坡土地利用总体规划2030（资料来源：Land Use Plan to Support Singapore's Future Population❶）

❶ City of Singapore. Land Use Plan to Support Singapore's Future Population[R/OL].2013 [2014-4-6]. http://www.mnd.gov.sg/land use plan/e-book/index.html#/11/zoomed.

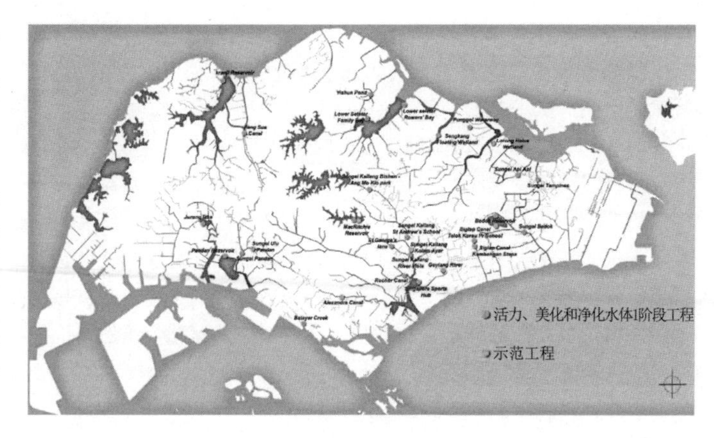

图5-13 新加坡水体活力净化美化工程（资料来源：Open Space Plan 2008-2014❶）

❶ City of Singapore. Land Use Plan to Support Singapore's Future Population[R/OL].2013 [2014-4-6]. http://www.mnd.gov.sg/land use plan/e-book/index.html#/11/zoomed.

用地的5%，为新加坡提供约50%的淡水供应。对规模庞大的集水区绿地和水体进行保护是保证城市环境可持续发展的一项政策，新加坡仅有5%的城市用地允许因户外活动产生环境影响。但面对日益增长的人口以及对户外游憩活动需求的增长，仅靠扩大立体绿化面积是不能满足城市公园绿地增长的需求。2006年新加坡制定了将水体保护和利用融为一体的“水体活力、净化和美化工程”（ABC），通过将原本水利工程导向的水渠、河道和水库转变为景色美丽的小溪、河流和湖泊，来拓展城市风景空间，创造一个具有公共活力的水循环和水生态示范系统，见图5-13。

大温哥华地区的可持续发展主要体现在提高“宜居性”上。大温哥华地区的人口主要集中在缺乏绿地的城市，而乡村的土地面积较大，但土地利用率不高。1996年温哥华提出了《宜居区域战略规划》（图5-14），列出4项规划策略:第一是建设保护绿带，通过绿带严格限制城市蔓延，绿带作为居民日常活动的公园场地；第二是提高社区中心的连接性，建设综合性社区中心，以综合性社区代替单一性质的社区，鼓励高密度居住；第三是建设紧凑城市，温哥华鼓励将新的城市发展集中在建成区内，为居民提供就近工作和居住的机会；第四是增加交通出行选择的多样性，鼓励公共交通出行，合理引导私人交通，提高道路利用率，改善城市微循环。此后，温哥华提出了一系列可持续发展战略规划，提高城市宜居性。2002年提出《可持续区域初步战略》，继承了1996年《宜居区域战略规划》的总体结构，不仅注重城市空间的紧凑发展，也提出保护生态空间，包括自然空间的连续性、气体排放和气候变化等应对政策。2012年又提出了《2020最新城市行动规划》，计划

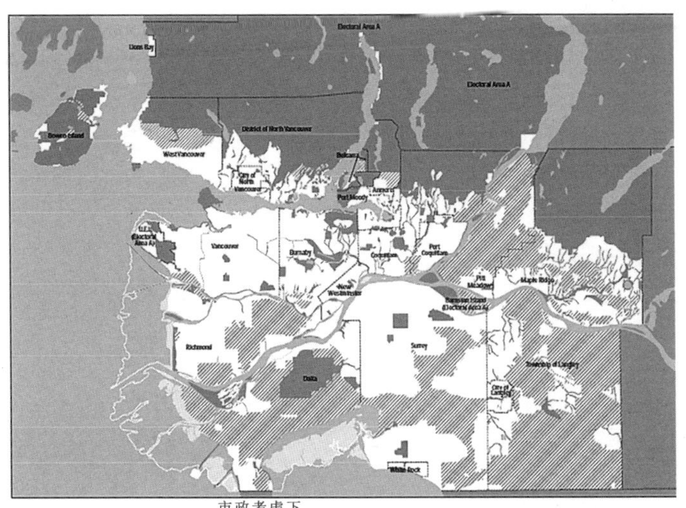

图 5-14 温哥华绿带区域
（资料来源：Livable Region Strategic Plan❶）

❶ MetroVancouver. Livable Region Strategic Plan [R/OL]. 1999[2016-9-20]. http://users.metu.edu.tr/ioguz/Vancouver_strategic_plan.pdf

中包含了绿色经济、绿色建筑、绿色交通、洁净水源、清新空气等内容。

至此温哥华的可持续发展从防止城市蔓延，增加城市绿地，到注重城乡协调，保护城市空间，再到对温哥华的能源消耗和生活方式的再组织，从经济和生态两方面协调提高城镇空间的活力。

综上所述，促使传统城镇风景空间转型的动力因素除了社会、技术、经济等风景系统外部因素之外，人对于自然环境、城市环境观念的转变才是促使传统城镇现代转型的主要动力因素。在现代观念中城镇风景空间已经由传统的“畅神”、“逸情”空间转化为一种绿色空间和可持续发展空间，促进传统城镇风景空间发展的战略目标也转化为改善城镇环境为居民健康活动提供场所、提高城市公共空间环境质量、延续城市风景环境文脉、通过风景的柔性特征提高城镇活力等方向。城镇风景空间向一种更加公平、开放、绿色的方向发展。

5.3.2　现代城镇风景空间的协同策略

1. 用地组织层面

通过对前述案例城市风景空间的现代特征归纳可以看出，现代城镇风景与社会协同发展的宗旨是关注城市环境的改善，以提高城市生活的宜居性为主要目标，鼓励通过有效的环境治理、改造和更新来提高城市生活质量，并在此基础上促进城市历史风貌和环境文化特质的保护，实现可持续发展。城镇风景空间发展是一个多目标战略，是建立在对城镇自然风景环境的整合、城镇公共活动的促进以及对风景环境柔性特征的保护和延续基础之上。宜居生活、传承文化、保护环境和集约发展是现代城镇风景空间发展的主要战略目标。目前，城镇风景空间组织的协同策略主要体现在改善风景环境与建成环境质量的关系上，具体体现在以下三方面：

（1）合理组织社区导向的开放空间

现代城镇提出以建设绿色都市、提高宜居性作为城市空间发展战略。在高密度的城市建成环境中增加开放空间是一条公认的可以使居民在高密度、高强度的城市生活环境中缓解压力、舒适生活的有效途径。发展社区导向的开放空间可促使城市绿色空间更加均衡，提升城镇风景空间环境质量，实现风景环境均好性。以社区为导向的开放空间与社区协同发展不仅来自于丰富而均衡的社区公园，还通过开放空间系统格局的完善来改善其与社区建筑物、街道布局相互融合所形成的混合态。新加坡提出了“绿心+绿指”的公园和开放空间总体布局结构，形成以公园为绿色中心，社区建设用地围绕在其周边；以绿色廊道作为指状开放空间体系，将滨水空间与绿心连接起来的城市绿色空间网络。新加坡以大型绿色空间为核心，高密度建成环境围绕在其周围的城市风景面貌突出了城市环境特征。

温哥华的绿色空间体系分明，形成“点-线-面”的空间结构，见图5-15。“面”一般为城市中的大型公园，如史丹利公园，服务人群广，服务项目多种多样。“线”主要指沿海岸的绿带，功能以健身为主，自行车线路贯穿沿海公园绿带。“点”则由社区绿地构成。温哥华将市中心半岛划为25个社区单元，在社区单元内设置口袋公园。口袋公园选址灵活，面积小，分布散，用于解决高密度居住环境中人们对于游憩的需求。口袋公园散布在各个社区内，直接为居民服务，面积在100m^2到400m^2之间，主要功能包括街头休憩、观赏植物、果树种植和散步遛狗。温哥华的社区规划中提出了5分钟步行可达的小规模开放空间建设目标，在社区中建设聚零为整的口袋公园，既丰富社区景观环境，又满足社区的休闲娱乐需求。社区的口袋公园间通过建设人行道、自行车道和景观廊道相互连接。

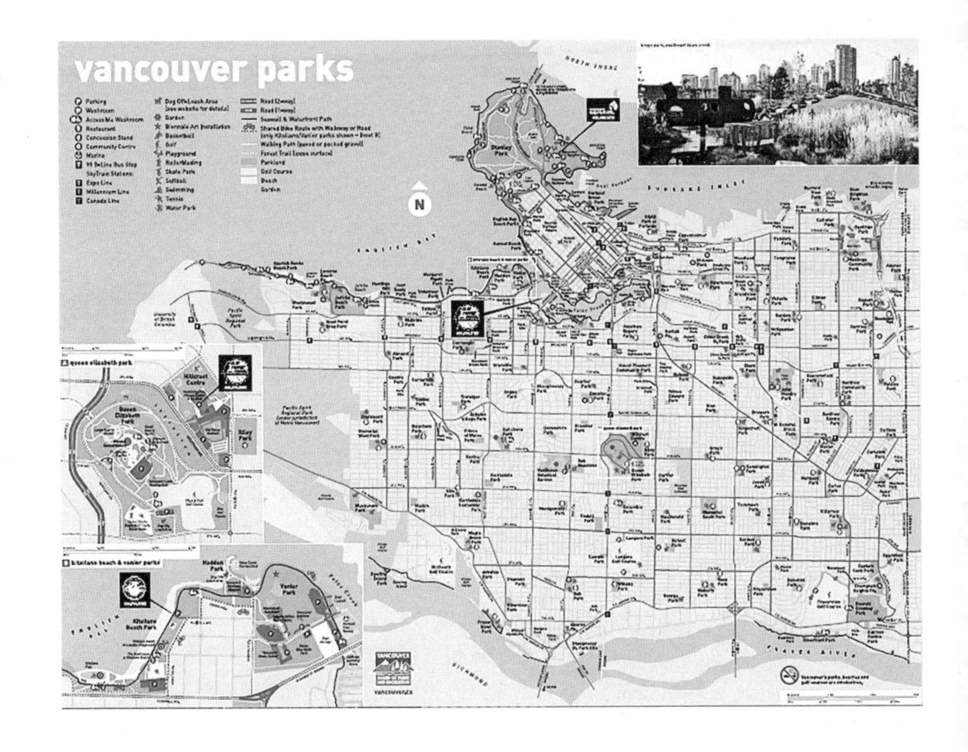

图 5-15　温哥华公园分布图
（资料来源：Vancouver-parks-map-2014❶）

（2）增加风景空间土地使用的综合性

土地使用的综合性是城镇风景空间发展关注的基本问题。城市土地使用的综合性不仅决定了城市空间的二维平面布局，其功能是否合理直接影响到城市的效率和环境质量❷。目前，城镇土地使用需要解决的主要问题是如何实现建成环境的绿色增长。

在城镇风景空间组织中，保证公共休闲活动功能与城市开放空间功能合理交织是土地使用的一条基本准则。在澳大利亚的珀斯城市滨水区再开发计划中，曾经在1989年展开过一轮城市设计竞赛，以恢复城市滨水区自然风景面貌为理念的设计方案在竞赛中获胜，见图5-16。虽然该方案在改善滨水区游憩功能上有很大突破，但因未能考虑珀斯滨水区应对未来产业、经济和政治发展需求，土地使用功能仅局限在游憩功能之上，综合性不够而受到质疑，方案最终未能实施。2011年再次展开的滨水区城市设计竞赛，仅开发与城市中心区CBD紧邻的19.75hm^2游憩娱乐储备用地，将商业、商务、餐饮、娱乐、会展、居住等功能引入城市滨水区，见图5-17。虽然该方案实施将减少滨水区绿地面积，但通过土

❶ City of Vancouver. Vancouver-parks-map-2014[EB/OL]. 2016[2016-9-20]. http://vancouver.ca/parks-recreation-culture/parks-gardens-and-beaches.aspx

❷ 王建国. 城市设计[M]. 南京：东南大学出版社，2004：97.

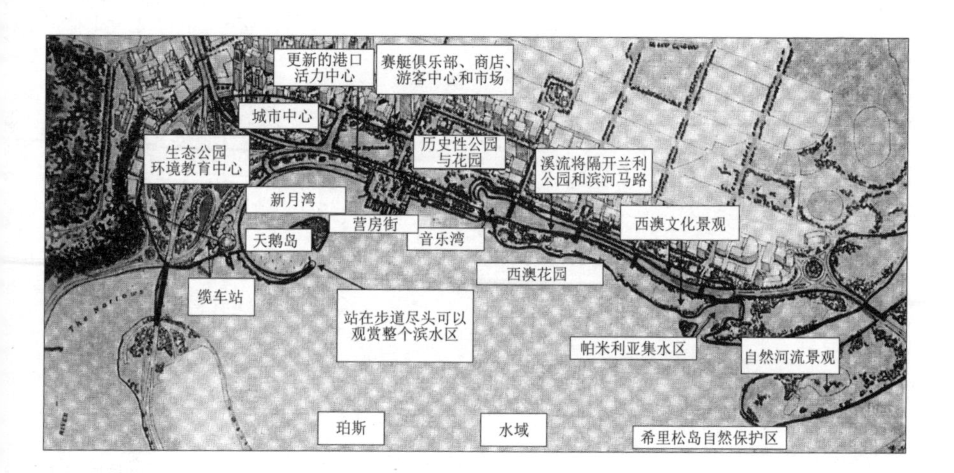

图5-16 珀斯城市滨水区城市设计1989（资料来源：Perth's Waterfront And Urban Planning 1954－93: The Narrows Scheme and the Perth City Foreshore Project❷）

❷ Gregory J. Perth's Waterfront And Urban Planning 1954－93: The Narrows Scheme and the Perth City Foreshore Project [J]. 2008.

地使用功能的多样化仍然可以促进滨水游憩活动多样化的实现，并且该地块用地功能的转变可以有效地实现将城市中心区CBD引向滨水区的设计目标，实现了水域空间与城市空间的功能整合。

在改善城市土地使用综合性中，时间和空间是两个基本变量，提高土地使用在时间和空间上的兼容性是现代西方城镇风景空间发展的一个主导方向。纽约在提高城市绿色空间数量，满足社区对开放空间数量的需求上开展了开放社区学校操场的活动，达到在不同时间内、不同人群使用同一块开放空间的目的，在不改变土地利用性质的情况下提高土地使用的兼容性。而巴塞罗那则是通过利用街区中建筑的屋顶平台创造立体化的开放空间体系，在已趋饱和的街区空间中增加绿色风景空间，提高土地利用的兼容性。

（3）提高风景空间的连续性

城镇风景空间是为了满足城镇某种功能而以空间体系的形式存在，连续性是其主要特征之一。从城镇公共游憩活动组织角度来说，城镇风景空间的连续可以促进户外有氧运动的开展，尤其是中长距离的自行车、徒步、慢跑等运动的开展，提高居民在风景环境中的参与性。从景观生态学角度来看，生态环境的连续体现为城市中的河流、山谷、道路、铁路等廊道型空间在城市内外绿地斑块间的连接作用。廊道空间的生态改善可以促进城市生态系统效率的提高，从生态层面上改善城镇风景空间的生境。

现代城镇普遍重视通过风景连接系统的建立来提高风景空间的连续性，实现风景与社会、生态系统的交融。波士顿风景连接系统的建立始于19世纪奥姆斯特德在沿查尔斯河沿岸建立的“翡

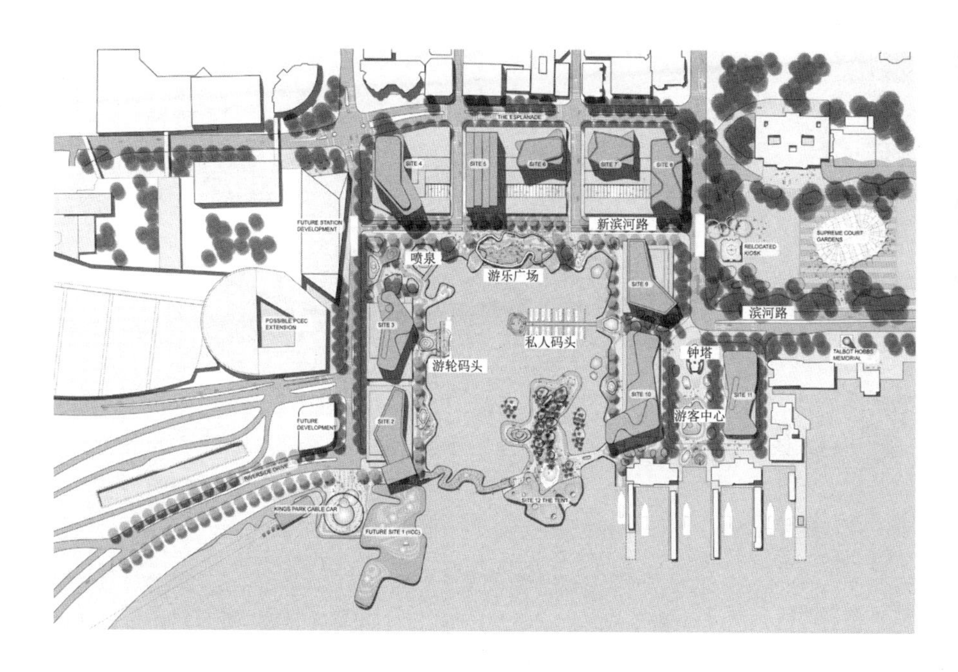

翠项链”公园道路系统和艾略特为大波士顿地区规划的连接三大河流和六大绿色开放空间的绿道系统。1993年波士顿展开了美国有史以来工程最浩大的大开挖计划（Big Dig），将城市中心新旧城区分割开来的93号州际公路埋入地下，将绿色开放空间重新引入城市中的这一带形区域，成为波士顿风景连接系统新的生长骨架。此后新建的南湾港步道和罗斯·肯尼迪绿道就是依托于大开挖计划形成的风景连接系统上新增加的绿色带形开放空间。新加坡也致力于在滨水和公园绿地之间建立公园连接系统来完善城市公园系统，实现居民在公园间的无缝运动。新加坡计划将在近期建设一个长约150km、到2020年将达360km的环岛公园连接步行系统，将城市内主要的文化、自然和历史性公园连接起来，为居民创造一个不受干扰的、连续的游憩系统，见图5-18。

图5-17 珀斯城市滨水区城市设计2011（资料来源：Perth's Waterfront And Urban Planning 1954－93：The Narrows Scheme and the Perth City Foreshore Project❶）

❶ Department of Planning WA. Perth Water front [EB/OL]. 2011 [2016-9-18]. http://www.planning.wa.gov.au/dop_pub_pdf/perth_waterfront_-_report_on_submissions.pdf, 2016, 9, 18

2. 视觉组织层面

城市的自然山水环境特征被认为是城市风景柔性特征的代表。对有特色的自然山水实行有效的眺望风景保护，保证城市中建成环境与自然山水间视觉联系的畅通，以此体现城镇风景形成的轨迹，是现代城镇实现“城景相融”在视觉组织层面的重要策略。

（1）全景型眺望视域组织

将城镇中具有风景特色的山脊、水体等自然地形特征与城市

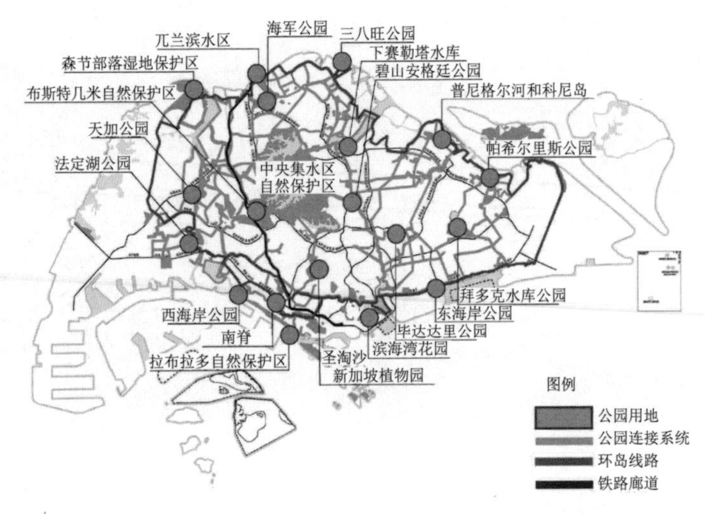

图 5-18 新加坡公园体系规划 2030（资料来源：Open Space Plan 2008-2014❶）

❶ City of Singapore. Land Use Plan to Support Singapore's Future Population[R/OL].2013 [2014-4-6]. http://www.mnd.gov.sg/land use plan/e-book/index.html#/11/zoomed.

建成区天际线纳入城市视觉控制体系中，通过全景型眺望实现"城景共融"的风景战略是丘林地貌下城镇风景空间组织的方法之一。全景型眺望视域组织可以分为制高点俯角全景型和低点开敞空间全景型两种方式❶。

伦敦的地方眺望景观战略就采用了制高点俯角全景型将城镇周边森林、山脊等自然地形特征纳入城市视觉特征控制体系中。例如伦敦的布罗姆利特区的眺望风景战略就选取了地区内地势较高的风景点眺望伦敦市中心和肯特郡的自然风景以及具有特殊自然风景特征的山岩等。相较于对特定单体风景对象的眺望控制，对于以自然风景特色和城市地区整体风貌的眺望所确定的眺望点和划定的眺望视角较粗略。

温哥华则采用低点开敞空间全景型眺望控制的方法。温哥华的地理特点是一种三面环海、北依华萨摩亚山和格拉伍兹山的半岛地形，由伯拉德海湾将城市分割为两大丘林地带，形成北温哥华、城市中心区和南侧居住区三大片区。由于地理条件的制约，城市中可供开发的土地资源非常有限。为了减少城市的低密度扩张，温哥华在城市中心区和城市滨水区再开发中通过高密度土地利用的商业开发，大力发展高层建筑。为了减少城市中心区中由高层建筑群形成的天际线对城市北部连绵的山体自然风景的遮蔽，温哥华制定了以保护自然山水环境特征为出发点的风景视锥（view cones）控制办法，以确保温哥华壮观的山景、海景与城市中心商业景观能够协调地融合为一，彰显城市风景形成轨迹。温

❶ 胡浩. 城市眺望景观规划控制研究[D]. 同济大学，2006：56.

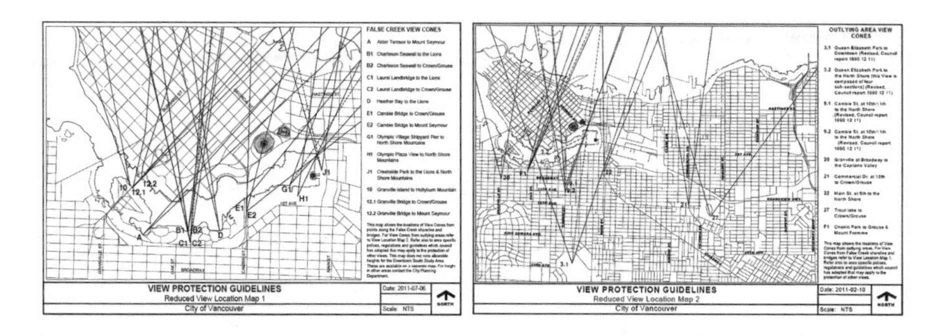

哥华在《眺望风景保护导则》中划定了27处受保护的风景视廊，通过限定视点和眺望对象，分别从城市中心的海湾福溪（False Creek）滨水区和城市南侧丘林地带的公园高地或水滨向北侧山体眺望，见图5-19。在所划定的风景视廊内，涉及对历史街区的建筑高度和城市中心区高层建筑的高度进行控制，以保证建成环境与自然环境在视觉上的连接。温哥华的眺望风景控制的特点是从城市中心区南部的丘林高地，越过商业区眺望北温哥华天际线，通过控制北温哥华的天际线来实现保护城市北侧山顶的标志性风景。

图5-19 温哥华风景视锥控制图
（资料来源：View Protection Guidelines❶）

（2）风景视廊组织

风景视廊是通过城市中的道路、河流等绿色廊道型空间形成视廊框架，通过控制视廊框架内建筑物以及选取视廊两端的有特点的自然山水作为风景视点，实现城镇风景环境的视觉和谐。

堪培拉采用了典型的风景视廊组织方法来保护格里芬规划所形成的城镇风景特色。堪培拉坐落在由黑山、泰勒山、恩斯里山、马菊拉山和莫加莫加山围绕的山谷地之中，莫朗格洛河穿过市区。在堪培拉总体规划中提出，保护格里芬规划所形成的以国会山为中心向各功能组团辐射的几何式街区组织格局，将国家重要纪念性建筑物与周围的山体、湖区，城镇风景和乡村环境融为一个视觉整体。城市风景视廊的控制点分为两处，一处是格里芬湖北岸以国会山为中心，另一处是格里芬湖南岸以城市山公园为中心。国会山风景视廊的视点是国会山，其风景眺望对象是以格里芬湖为中景，以格里芬湖对岸的城区和远处的群山作为远景。为了确保视廊的视线通畅，新建建筑除了对国会山片区内建筑组团的形态、高度、色彩等必须与现有建筑相协调外，在空间组织上还提出在建筑组团内部的开敞空间也要保留与风景视廊间的视觉廊道，以此强化视廊的重要性。城市山风景视廊则是以现有的放射型林荫路为视线通廊，在林荫路风景视廊的两侧不允许出现

❶ City of Vancouver. View Protection Guidelines[R/OL]. 2010 [2014-4-6]. https://vancouver.ca/home-property-development/protecting-vancouvers-views.aspx.

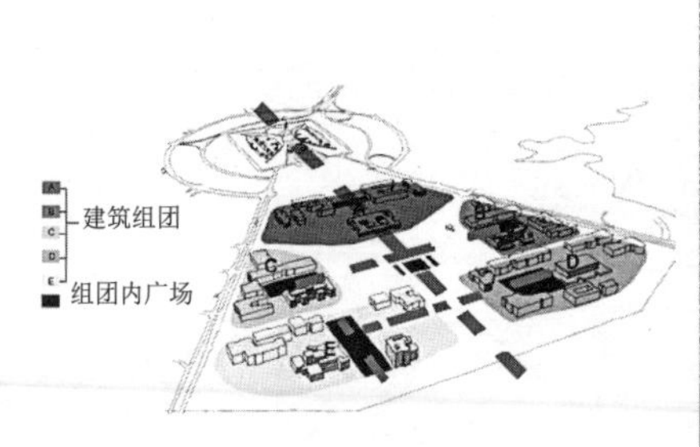

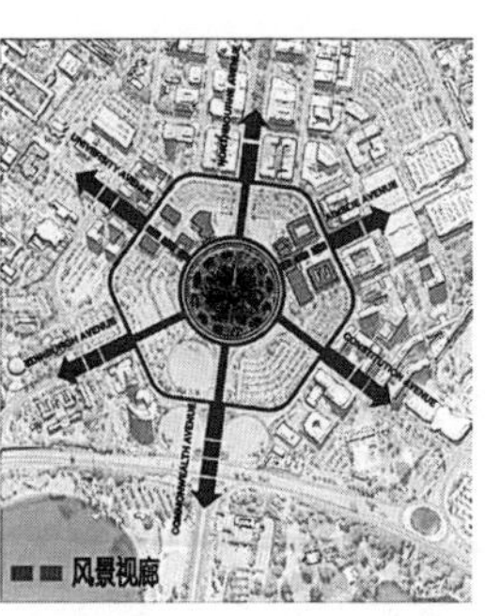

图5-20 堪培拉风景视廊控制导则（资料来源：Consolidated National Capital Plan❷）

❷ National Capital Authority. Consolidated National Capital Plan[R/OL].2013 [2014-4-6]. http://www.nationalcapital.gov.au/index.php?option=com_content&view=article&id=372&Itemid=260.

任何阻碍视线的高大建筑物，以实现城内山体对城市外围山体的远景眺望和视线沟通，见图5-20。堪培拉的风景视廊是建立在格里芬规划的城市空间结构基础之上的，将城市内重要的功能节点作为风景点，把城市内外的山水环境作为视觉焦点联系在一起，追求城镇风景环境感受的一致性。

日本的眺望风景组织包含了全景型眺望和风景视廊组织两种方式。日本为了保全、创造出眺望风景，把必要的地域指定为“眺望景观保全地域”，并制定必要的规制内容。眺望景观保全地域有3种，分别是眺望空间保全区域、近景设计保全区域和远景设计保全区域。眺望空间保全区域规定了从视点场向视对象的眺望不能被遮挡，以及建筑物等的最高部禁止超出标高区域。近景设计保全区域规定了从视点场用眼睛能确认的建筑物等的形态、意匠和色彩等。远景设计保全区域规定了从视点场用眼睛能确认的建筑等的外墙、屋顶等的色彩，见图5-21。

京都指定了38处具有风景特色的“眺望和街景保全区”，保护那些从祖先那里传承下来的特色风景，见图5-22。京都独特的眺望风景是从城市中心眺望山景和从京都周边的山区眺望城市低矮建筑连续的屋顶。例如，京都的民俗传统之一是夏季在大文字山上点燃篝火开展宗教活动，限定大文字山摩崖石刻的眺望视锥内建筑的高度、色彩等是京都风景特色保全的主要内容。京都的眺望视点场共分为8种类型，分别从指定的寺庙神社、街道、水边、园林和山上眺望京都的园林、城市和山水。

综上所述，现代城镇风景空间组织中通过完善社区导向的开放空间布局、提高土地使用的综合性以及增加风景空间的连续性实现风景与社会生活的协同发展。可以看出，现代风景空间组织是将自然山水看作拥有统一风景特征的环境基底，通过其在用地功能组织中可以发挥的功能来协调风景空间与社会空间的发展。

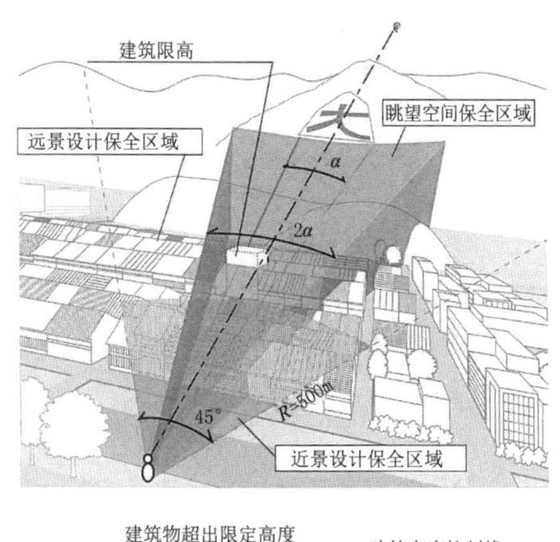

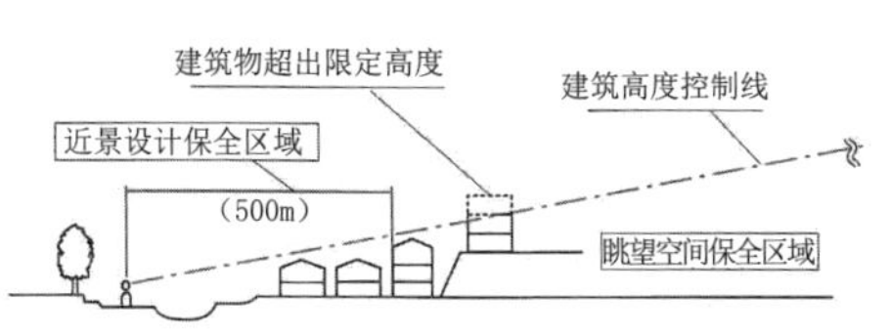

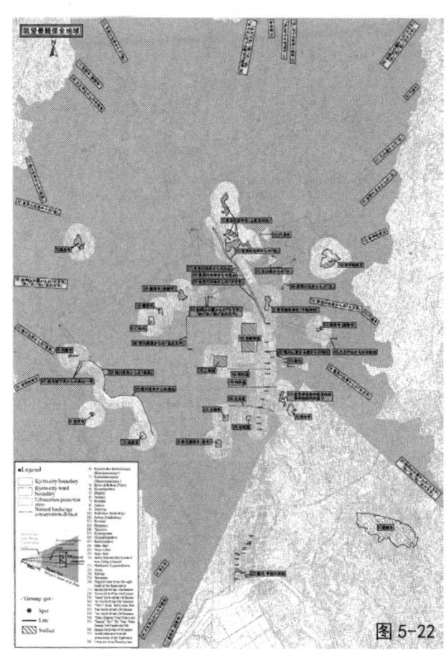

图 5-21 日本京都眺望景观保全地域（资料来源：*landscape of Kyoto*❶）

图 5-22 日本京都眺望和借景保全区（资料来源：Landscape of Kyoto❶）

这与传统城镇风景空间注重运用自然山水所反映出的风景环境综合特征“境”来组织社会功能的方式存在很大的差异。现代城镇风景空间组织立足于探讨自然风景空间与社会风景空间的共性，而传统观念则立足于发现风景的个性。因此，在传统城镇风景空间的重塑中，应该通过对自然山水风景特征共性的把握，来克服传统风景组织因追求“境”的个性而带来的相邻地块用地功能关联不密切、风景空间组织结构相对松散的问题。

5.4 传统城镇风景空间现代转型的动力与途径

正如前述研究所示，传统城镇风景空间的结构是一种横向关联式结构，所形成的城镇风景系统的组织逻辑与现代城镇存在显著的差别。“景与城融”在传统城镇风景空间中体现为城镇完整的空间形态和社会形态与自然山水环境的相互渗透；而现代城镇风景空间中“相融”是指在风景系统与非风景系统间增加互动并且实现协同发展，自然山水环境并不需要完全参与到城镇空间形态组织尤其是不需要参与到社会形态的组织过程中。可以说，在现代城镇风景空间环境组织中，自然山水社会形态组织意义的终结使其在城镇空间组织中的意义逐渐丧失。因此，在传统城镇风景

❶ 京都市都市计划局都市景观部景观政策课. landscape of Kyoto [R/OL]. 2016 [2016-9-19]. http://www.city.kyoto.lg.jp/tokei/page/0000057538.html

空间的现代转型中，需要重塑自然山水的风景意义，以此延续历尽千年发展积淀形成的山水文化，保护环境文脉。

5.4.1 传统城镇风景空间转型的动力

1．风景系统演化的内部动力

通过前述章节对传统城镇风景空间结构和环境组织的分析可以看出，相较于现代城镇风景空间在城市空间结构中的独立性，传统城镇风景空间从生成伊始便与城镇各功能空间相互渗透，形成了隐性的组织结构关系。这种隐性的结构之所以能形成一个稳定有序的风景系统是因为其系统要素与包括时间、空间、天体、季节等自然因素和礼制宗教等社会因素范畴发生广泛关联，并突出表现为将自然山水作为一种环境或风景组织媒介，建立起了它与风景系统的对应关系。推动传统城镇风景系统演化的动力主要来自于系统内部，如自然山水环境的变迁、文化的发展与朝代的更迭等。但总的来说，这些动力因素具有较强的稳定性，风景系统演化比较缓慢，传统城镇风景空间面貌一直处于一种相对稳定的状态。

随着传统社会形态的终结，在传统城镇风景系统组织逻辑下所形成的风景空间也失去了自组织和演化的动力。传统城镇“城景相融”的风景景象或者成为时空凝结的终极艺术品，或者在城镇现代化建设下磨灭殆尽。城镇风景作为体现环境发展脉络的空间载体，其脉络的延续性被忽视。在传统城镇的现代发展中，如何通过现代方式延续传统城镇风景空间演化的脉络，使其能够适应现代城镇生活的需要，促使风景空间在文化传承与现代需求中协同发展，是实现传统城镇风景空间现代转型过程中必须解决的核心问题，也是风景系统演化的内在要求。

2．协同发展的外部动力

现代城镇发展的战略目标是将城镇建设为有活力、宜人、可持续发展的城镇。为此，人们对城镇风景空间的认识也随之发生转变，不再局限于具有较高审美价值、文化内涵和供人游赏休憩的传统范畴，还试图在城镇区域范围内建立起多层次、全方位的风景引导和控制体系，从挖掘城镇风景特色、合理组织城镇风景环境、有效地保护城镇自然环境的角度出发，将城镇的建成环境和自然环境有效地融合为一体，创造出一种迎合当代城镇生活需求，嫁接或者嵌入在人工环境之上的自然风景空间。城市风景空间为适应人口增长、经济发展、气候变化、文化多元化、环境治理等促使现代城镇形态变化的因素而更加强调风景系统的开放性，通过提高开放性实现风景与社会的协同发展。城镇风景空间通过在风景系统中引进新的动力元素实现风景结构和要素优化，促使城镇风景与城市协同发展，从客观上促使传统城镇风景空间发生转型。

5.4.2　传统城镇风景空间转型的途径

1．风景系统结构转型

城镇风景空间是通过景物、集体心理和社会过程的相互作用和相互制约形成的具有功能整体性和环境综合性的复合系统。城镇风景系统的演化发生在时间和空间维度上，体现为经历不同的时间周期城镇风景空间形态的转变，这种转变可以体现为风景系统的整体转变以及风景系统要素的个体变化。如果从时间角度探讨城镇风景系统演化，由传统风景空间形态向现代风景空间形态的转变体现在风景系统要素的个体演替，而如果从空间角度探讨城镇风景系统的演化，则该转变主要表现为系统的整体转变。根据城市形态学观点，系统的整体转变是发生在多种事物集合群或多个类型集合群的集体变化基础之上的。对于城镇风景系统而言，则反映为风景社会要素的集体变化和风景文化路线的转移。此外根据系统论观点，系统结构是决定系统功能与特征的内生原因。城镇风景系统的结构变化体现出风景系统中各种变化关系的集合。因此，在传统城镇风景空间现代转型中，应首先探讨城镇风景空间结构的转型，才能实现传承传统风景文脉、实现现代发展的目的。

传统城镇风景空间结构分为三个层次，以山水为核心的风景基本空间、以风景社会要素为核心的风景社会空间和以风景意义为核心的风景延展空间。风景基本空间是系统的基础、风景社会空间是系统的核心、风景延展空间是系统的外延，具有内核清晰而边界模糊的系统空间布局结构性特征。虽然这种系统的结构性特征使传统城镇风景空间以山水为核心的单元性空间特征显著，但是这种空间结构的形成是以“礼制”传统为中心的。因此，随着传统城镇生产生活方式的终结，风景社会空间要素失去了演化的动力，传统文化观念的变化也使风景基本空间的环境组织方式产生根本改变，虽然城镇自然山水格局仍然存在，但是风景系统组织结构却必须转变。

现代城镇风景空间已经由以偏概全的山水观念扩大为相对宽

泛的环境观念，城镇风景系统的结构也相应地转化为以环境为核心，形成以环境的生态功能为基础、以环境的社会功能为核心、以环境的文脉功能为延展的系统结构。城镇风景系统由传统意义上强调风景系统的文化性转向发展现代风景系统的功能性。自然山水作为城镇环境的核心，在城镇风景空间的重新建构中应该成为风景空间组织结构的新功能中心，通过从中心向外延风景社会功能和环境参与度递减的方式形成新的风景空间结构系统，适应传统城镇现代转型中城镇主体功能的转变带来风景社会要素变化和风景意义的改变。

（1）风景空间要素转型

传统城镇风景空间要素分为以自然要素为核心的整合性风景要素和以城镇人文要素为核心的分布性风景要素。整合性风景要素是传统城镇风景空间形成的基础，而分布性风景要素与整合性风景要素相结合对城镇风景空间的形成具有催化作用。在现代社会结构的环境下，传统城镇风景分布性要素因社会生产生活方式的变化而发生改变，尤其是曾经作为传统城镇风景空间主要类型的寺观祠庙和坛庙、旌表类建筑以及对城镇风景空间起到限制和引导作用的城墙、城濠在现代城市发展中主体意义的消失，使得这些曾经作为传统城镇风景主要特征的要素在现代城镇发展中失去了继续大量发展的可能性。因此，在传统城镇的现代转型中，必须植入新的系统发展要素才能适应现代城镇风景空间发展需要。

传统城镇风景空间要素的组织是以四合院为正体、适应山水为变体，是适应传统建筑建造和社会组织方式的风景要素组织方法。这种以院落为核心的风景要素组织方法在空间尺度上能够很好地配合传统城市利用小山小水来组织风景社会空间的文化传统，形成宜人的风景尺度。但现代城镇空间的尺度相较于传统城镇来说是巨大的，城镇空间的基本结构也不再是连续嵌套式结构，而是以街区为基本空间单元、水平向扩张的一种城市空间结构。街区是现代城镇风景空间社会要素的基本组织单元。因此，在传统城镇的现代转型中，只有通过控制好街区的基本尺度以及其与自然山水相接的边缘区的功能与视线的合理渗透才能实现传统环境文脉的延续。

（2）风景系统演化动力转型

根据系统论的观点，城镇风景系统通过对社会空间的开放来获得系统稳定和演化的动力。首先，从系统演化的动力主体来说，推动传统城镇风景系统演化的动力主要来自于三方面：第一方面来自传统城镇统治者对维持城镇传统“礼制”空间形态的要求；第二方面来自于传统文人对自然山水环境的神境、仙境、胜境、美境的向往；第三方面来自于市民的民俗文化推动风景发展。虽然推动传统城镇风景系统演化的动力主体多样，但是对系统演化起决定作用的是传统城镇的统治者和传统文人，决定城镇风景系统演化方向的是他们在城镇风景空间中所获得畅神、逸情的风景感受。然而，相较于传统城镇风景系统，推动现代城镇风景系统演化的动力主体更加多元，主要包括政府、居民、旅游者和企业。虽然政府代表大多数居民的利益在推动风景系统演化中起到主要的作用，但是旅游者和企业作为拥有不同利益诉求的动力主体，在现代城镇风景系统演化中也发挥重要的作用。

其次，从系统演化的动力来说，推动传统城镇风景系统演化的动力主要来自于风景社会要素对自然山水环境的适应，这一动力主要来自于系统内部，通过风景系统的自组织实现系统的演化。而推动现代城镇风景空间发展的动力更多是来自于社会对风景空间功能提出的新要求。现代城镇风景空间除了具有游憩和环境美化的传统功能之外还附加了促进居民健康、缝合城市功能空间、体现环境文脉和提高城镇活力实现可持续发展的多重功能。对风景空间复合功能的追求成为推动现代城镇风景空间发展的主要动力。如风景系统演化动力主要来自于系统外部，风景系统演化的速度也更快。

因此，传统城镇风景系统在现代转型中面对多元化动力主体和多元化功能诉求以及系统演化动力提出的新要求，必须通过从风景系统外部引入新的发展动力来实现传统城镇风景空间的现代发展。现代城镇十分重视通过公众参与的方式实现城市内部各种利益主体意见的综合，以此优化系统演化的动力。

本章通过对比的方法，研究传统城镇风景和现代城镇风景在风景意义和组织方式上的差别。通过研究拥有较成熟的城市风景规划和组织策略的西方当代著名“花园城市”和“宜居城市”，归纳城镇风景空间在不同发展阶段所体现的阶段性特征与组织途径。在现代社会技术、经济、文化多元化发展背景之下，城镇风景空间已经由传统“礼制”引申下的畅神、逸情空间蜕变为一种环境空间。传统城镇风景空间的风景意义脱离了传统山水文化的发展线路，向更加开放、独立的环境空间范式发展，成为城镇空间结构中重要的组织环节。城镇风景空间转向关注城镇环境质量、文化建设支撑和公共休闲活动组织，倡导实施以环境观念为先导、起点和推动力的城镇整体发展战略计划。“城景相融”的城镇风景意义不仅追求城镇空间形态和社会形态与自然山水环境相互渗透，更强调通过风景系统的发展实现其与非风景系统的协同发展，以此实现城镇环境文脉的延续，使传统风景的文化内核能在现代获得新的发展。

第6章

城镇风景空间意义的重塑

从前述研究可以看出，现代城镇风景空间的组织是通过完善开放空间布局、提高土地使用的综合性以及增加风景空间的连续性来实现风景与社会生活的协同发展。现代风景空间组织是将自然山水看作拥有统一风景特征的环境基底，通过自然山水所拥有的环境核心和环境共享特点来协调风景空间与社会空间的发展。这与传统城镇风景空间注重运用自然山水所反映出的风景环境综合特征“境”来组织社会功能的方式存在很大的差异。现代城镇风景空间组织立足于探讨自然风景空间与社会风景空间的共性，而传统观念则立足于发现风景的个性。因此，在传统城镇风景空间风景意义的重塑中，本章提出应该在维护城镇自然山水环境的风景共性特征的基础上，通过具有风景意义连续性的城镇风景空间单元的兴造来实现传统城镇风景空间的继承与发展。

6.1　城镇风景空间单元的建构框架

本书在第3章的研究中提出了传统城镇风景空间呈单元式发展的一种基本范式。随着传统社会形态的解体，现代城镇功能日趋复杂，城镇空间组织也由传统的“单中心”向“多中心”的空间组织范式发展，传统城镇风景空间单元式结构被打破。在传统城镇风景空间的现代转型中，重新建构起城镇风景空间的单元式组织结构，形成一种在传统城镇的现代发展中，尤其是针对新区规划，形成既可以延续传统文化脉络又能适应新的发展需求、可操作性强的风景空间组织单元，使传统城镇风景空间的现代转型成为可能。

城镇风景空间单元建构的目的是以恢复风景空间单元的生态功能为基础、以实现风景空间单元的社会功能为主导、以达到风景空间单元的文脉功能为最高目标。根据前述章节对传统城镇风景空间组织的研究可知，传统城镇风景空间单元的结构是以山水组合单元为基础，风景基本空间和各类风景要素通过自然山水的组织和控制形成空间单元的结构核心，空间单元的外延是以风景意义为核心的风景延展空间。传统城镇风景意义的生成与城镇的自然山水密切关联，自然山水是传统城镇风景空间单元的组织核心和意义核心。因此，在城镇风景空间单元的建构中，以自然山水作为单元的核心是城镇风景空间单元生成的必要条件。此外，通过前述的研究可知，虽然风景的功能主要是欣赏和体验，但风景空间所发挥的社会功能是支撑传统城镇风景空间演化和发展的重要因素。风景的社会功能在传统社会形态和现代社会形态下有很大差异，但是在风景空间单元中引入新的社会功能使其适应现代社会发展的需要，对于传统城镇风景空间风景意义的重塑具有重要意义。传统城镇风景空间单元环境文脉的生成以城镇地区特征鲜明的山水环境为基础，通过以自然山、水风景形态欣赏为核心的风景临观体系的建立形成特征清晰的城镇风景空间意象。城镇风景空间单元文脉功能的实现是传统城镇风景空间风景意义重塑的核心，需要在空间单元内建立起具有文化延续性的山水游观系统，在空间单元内风景建筑和重要公共建筑与自然山水之间建立起直接的视觉关联和活动关联。城镇风景空间单元的建构框架如图6-1所示。

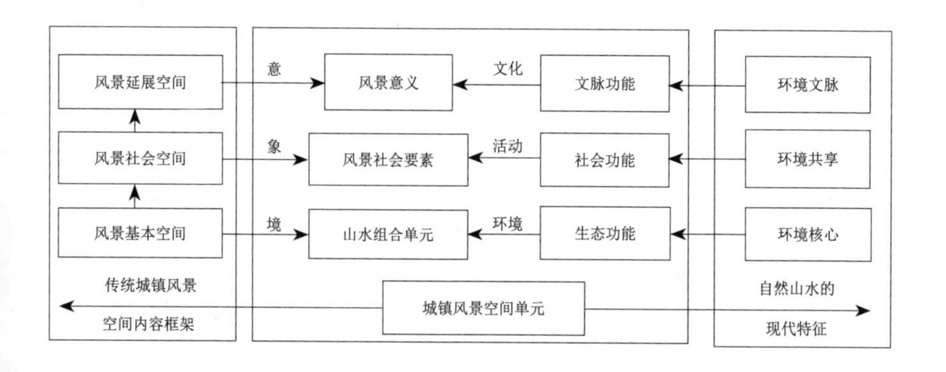

图 6-1 城镇风景空间单元的建构框架（资料来源：自绘）

6.2 城镇风景空间单元的布局模型

由于“国必依山川”文化传统的影响，我国传统城镇风景空间在组织社会功能方面主要表现为城镇主体功能与自然山水环境间不仅有功能关联还有密切的文化关联；而在现代城镇风景空间中，这种关联则体现为功能关联。现代城镇生活中只有与城镇公共休闲生活方面相关的游赏、运动、集会等功能需要与自然山水发生直接的功能关联，其他诸如商业、教育、交通等功能都已脱离传统山水文化关联脉络，在城市发展中选择有利于其功能运转的优势区位。“城景相融”的城镇风景的风景意义在传统与现代之间存在本质区别。因此，在传统城镇风景空间风景意义的重塑中，应该一方面在城镇主体功能与自然山水环境间重建文化关联脉络；另一方面通过加大自然山水环境的环境参与度，使自然山水在公共生活中以一种更加合理的利用方式来实现风景空间的发展和自然山水的保护。城镇风景空间单元中应该通过引入与自然山水环境可以共生的社会功能，实现对风景环境的协同发展，见表6-1。

城镇主要功能与山水环境的相关性分析 表6-1

社会功能	居住	办公	商业	旅馆	休闲游憩	文化娱乐	文化教育	交通	工业
自然山水环境	●	○	○	○	●	●	○	○	◇

注：●密切相关；○一般相关；◇不可相关。

此外，现代城镇风景空间视觉组织并不单独把自然山水作为视觉欣赏的对象，而是强调自然山水环境与城市建成环境的视觉和谐。风景视觉协同的出发点是在城镇风景空间演化过程中既肯定城市建成环境的风景特色也保护自然山水的风景特征。现代城镇风景空间视觉保护的立足点是制定控制建成环境的建设规范来保护自然山水的风景特征。相比较而言，中国的山水文化传统决定了传统城镇从城镇选址到空间组织形态都十分注重与自然山水的视觉协同，自然山水是以介于神圣和世俗之间的一种环境景物身份组织进城镇的建成环境之中的。在传统城镇眺望风景组织中，拥有“山环水抱”的全景式风景视域是一种基本的风景视觉要求。传统城镇风景空间的建成环境与自然山水的视觉协同是以自觉的方式实现的。但这种自觉的方式可以适应传统城镇风景空间缓慢的演化历程，却很难在现代发展中适应建成环境的快速发展。因此，需要在传统城镇的现代发展中吸取现代城镇的风景控制方法，在城镇风景单元内形成山、水可见的视觉环境。在风景空间单元的构建中通过单元空间布局的优化，将自然山水作为城镇风景空间单元的视觉组织框架中的核心环境景物，以此维护自然山水在传统风景视觉组织中的文化脉络。

随着城镇化进程的发展，城镇规模不断扩大，城镇从“单中心”向“多中心”的城市空间结构发展是一种普遍现象❶。本书认为城镇风景空间单元的布局可以结合城镇多中心发展的趋势，形成以城镇自然山水空间单元为中心的圈层式空间布局形式，风景社会要素按照其在风景组织中文化性和公共性的关联强度的高低呈由中心向外逐渐递减的方式排布。通过这种“核心—圈层”式城镇用地布局模式可以实现在城市空间组织结构上对城镇自然山水风景核心地位的巩固，把握城镇社会功能与自然山水的特征共

❶ 张洪波. 低碳城市的空间结构组织与协同规划研究[D]. 哈尔滨工业大学，2012: 127.

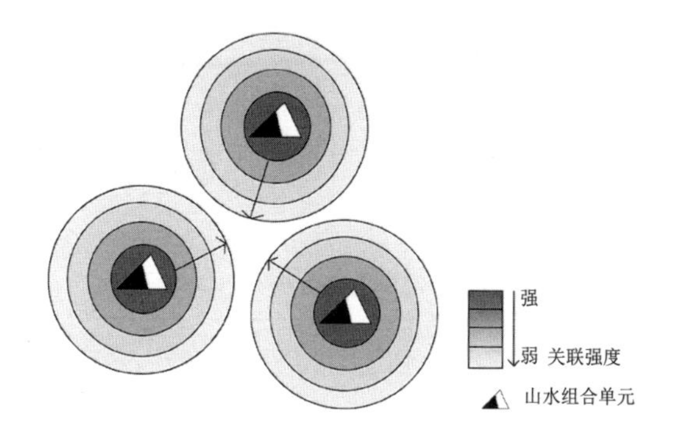

图6-2 城镇风景空间单元布局模型（资料来源：自绘）

性，从而克服传统风景组织因追求“境”的个性而带来的相邻地块用地功能关联不密切，风景空间组织结构相对松散的问题，以此延续将山水作为视觉焦点来欣赏的文化传统，见图6-2。

6.3　城镇风景空间单元风景意义的生成

传统城镇特征清晰的风景意象生成是建立在以自然山水欣赏为核心的文化传统之上，而现代城镇风景空间的组织则提倡通过丰富的环境体验发挥公园、绿地、开放空间的社会化功能，来实现风景空间风景意义的丰富与环境的提升。对于具有深厚文化底蕴的传统城镇来说，城镇风景空间单元仅以风景的社会化效益来形成风景意义是不够的，还需要延续城镇的传统文化路径，在城镇风景空间单元内重新建立起具有文化延续性的、能够反映乡情的传统城镇文化景观系统，将风景空间单元内社会活动与文化意义结合起来，才能使实现城镇风景空间单元风景意义的重塑成为可能。“景与城融”的城镇风景空间单元风景意义需要通过城镇空间形态与自然山水环境协同发展、风景系统与非风景系统的协同发展来实现保护和弘扬优秀的传统山水文化、延续城镇历史文脉的目的。因此，城镇风景空间单元风景意义的生成过程是空间单元内风景由物质表象向社会化、人文化意义转化的过程。

传统城镇风景空间风景意义的形成是通过一种横向关联式组织结构，通过丰富的意义关联实现风景空间意境的延伸。本书认为城镇风景空间单元风景意义重塑的逻辑起点应该是对城镇自然山水特征的文化抽象和提炼，通过文化抽象过程向城镇的典型自然山水环境提取风景空间单元环境文脉塑造的元素。此外，城镇风景空间单元也必须同时能够满足现代城镇风景空间发展所提出

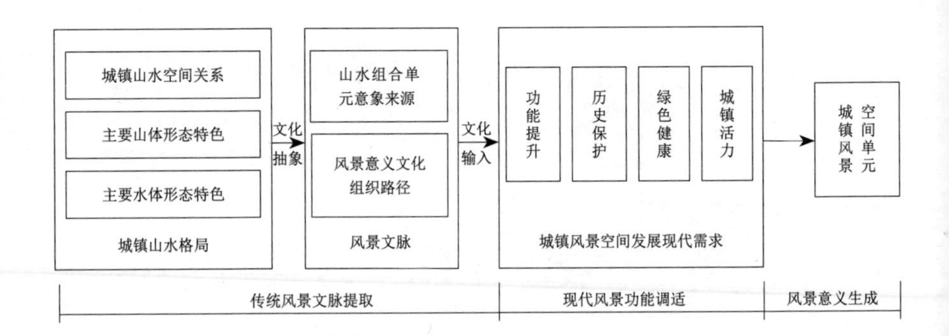

图6-3 城镇风景空间单元风景意义生成的过程框架
（资料来源：自绘）

的对绿色健康、城镇功能整合、历史保护以及可持续发展的要求。因此，城镇风景空间单元环境意义重塑的过程是一个传统文化积淀和现代风景功能调适的过程，见图6-3。

基于前述章节对传统城镇“景与城融”风景现象的研究以及对传统城镇风景空间现代转型的讨论，本章提出了在传统城镇的现代发展中建立起城镇风景空间单元的基本设想。城镇风景空间单元在布局上具有“核心—圈层”式布局结构，单元的核心是山水组合单元，单元的外圈层是城镇风景所承担的现代社会功能。城镇风景空间单元在风景组织上遵循传统城镇风景组织的文化内涵，通过对风景空间单元的空间划分和结构重塑来满足现代城镇发展中对自然山水保护和回归传统风景的意愿，同时也可以包容现代城镇风景功能，实现风景系统与城市空间系统的协同发展。

结束语

传统城镇“景与城融、城景一体”的风景面貌源于传统城镇山、水、城形态同构的空间组织方式。“景与城融”的城镇风景空间组织方式在传统社会和现代社会之间存在显著差异。传统社会形态下，城镇风景空间是“礼制”引申下的畅神、逸情空间。而现代社会形态下，城镇风景组织强调风景系统与非风景系统在物质和社会形态上的协同发展。传统城镇风景空间在现代发展中不仅要适应现代社会的需要，通过增强自然山水环境在城镇公共生活中的组织性来保护自然山水环境，更应通过增强风景空间的传统文脉，形成以自然山水为核心的风景空间单元，通过土地利用、风景视觉组织等协同发展，实现风景环境意义的重塑和传统文脉的延续。

本书所研究的传统城镇风景空间环境协同，是将传统城镇的整体性风景环境看作一种复杂系统，通过结构主义方法解析传统城镇风景空间的组成要素和组织结构，提炼传统城镇风景空间的结构特征，以厘清传统城镇风景空间的组织方式。系统论和结构主义方法的运用跳出了从传统风景园林文化语境下研究传统城镇风景组织的惯例，为城镇风景空间组织研究提供新的思路。

传统城镇风景空间环境协同研究是一个交叉学科的研究领域。本书将主要应用于城市规划研究领域的城市形态学方法应用于城镇风景组织研究，通过将研究视角主要锁定在城镇自然山水在社会发展中的相互促进作用，从中观尺度上研究城镇风景空间的生成和演化途径，提炼传统城镇风景组织的合理内核，为城镇风景空间组织在传统和现代之间的研究转换架起了理论桥梁。

本书关于传统城镇风景空间环境协同的研究，是把风景放在一个比较的视角下研究风景空间的生成和演变。通过中西方风景结构的比较、传统社会与现代社会的比较来分析传统城镇风景空间现代转型的可行性。

传统城镇风景组织结构是一种横向关联式结构，风景意义的生成不仅与自然山水环境所提供的“境”有关，还与传统文化观念、意识形态指导下城镇建设中的各种风景要素所形成的“象”有关，从而使传统城镇风景空间具有系统层级性关系。传统城镇风景空间的结构层级关系以风景基本空间为基础，以风景社会空间为核心，以风景延展空间为外延的，具有内核清晰而边界模糊的结构性特征。

传统城镇风景空间的生成是一个历时性问题，从空间上是风景社会空间占据以自然山水为核心的环境优势区位的过程；从意识层面上是古人对自然山水环境美感特征认知强化的过程；从组织方式上，是风景通过在相对匀质的城镇空间中以尺度的偏离实现风景形态突出的过程。建立自然山水尺度分级利用体系、增强城镇主体功能的山水环境参与性和建立绿色空间意象等策略是传统城镇风景系统组织的主要策略。

本书提出了建立城镇风景空间单元的理论设想，以适应传统城镇风景空间现代转型的需要，重新建构起城镇风景空间的单元式组织结构。城镇风景空间单元应具有“核心—圈层”式布局结构，单元以城镇自然山水空间单元为中心，风景社会要素按照其在风景组织中文化性和公共性关联强度的高低呈由中心向外逐渐递减的方式排布，以此延续将山水作为游憩主体和视觉焦点来欣赏的文化传统。

本书对传统城镇风景空间的研究是以“景与城融”的传统城镇风景现象展开的，主要侧重于对城镇风景空间组织结构、组织方式、风景演变途径的梳理，以及城镇风景系统优化框架的探讨。本论文提出的城镇风景空间环境协同理论在理论的完整性、可操作性和理念的可实施性方面还有待进一步深化和完善。

对城镇风景问题的研究是一个复杂系统，本论文的研究只是初步搭建起了传统城镇建成环境与自然山水环境中观尺度的研究框架，为相关研究提供了一个视角。目前，仍然有许多值得深入研究的方向：

（1）建构传统城镇风景空间系统研究的理论体系

目前对传统城镇风景的研究多集中在园林学、美学、地理学、建筑学等方向，从各自学科关注的角度来分析宏观到微观各个层次的传统城镇内园林的问题和现象。虽然理论界的研究历程很长，研究成果也颇丰，但是目前将传统城镇作为一个整体风景空间进行理论研究却十分有限，尤其是相关理论体系很不完善，至今并没有建立起一个系统的研究框架，提出一套相对成熟的研究方法。关于城镇风景理论系统研究的缺乏严重阻碍了传统城镇风景理论的深入挖掘，在现代城镇风景环境的组织和保护，以及传统文脉的延续等方面形成了指导思想和操作途径上的障碍。

笔者认为传统城镇风景空间系统理论体系的建构应该集中人本主义哲学、系统路思想、城市空间相关理论、景观生态学、行为地理学、环境行为学等相关理论，在此基础上结合中国博大精深的山水文化思想，建构起有中国特色的城镇风景空间理论体系。

（2）建构传统城镇风景控制和引导标准

一直以来在中国传统文化浸润下生长起来的传统城镇风景被作为一种艺术和技术相结合的产物来研究，风景的独特性受到重视，而对风景形成的基准重视不够。指导传统城镇风景兴造的思想主要来自风水美学和山水画论，这些指导思想多为定性描述，在实际城镇风景兴造的操作中需要通过造景之人的个人艺术修养来实现对环境艺术感的提升。因此，很难在现代城镇建设中推广。而现代城市规划虽然在总体规划和详细规划层面上针对城镇风景维育、控制和引导制定了相应的指标体系和操作方法，但都来自于西方的理论体系，在风景的文化内涵上与中国传统城镇风景有本质区别。因此，在大力提倡中国传统文化复兴的今天，需要通过对传统城镇风景进行大量的史料整理和实例勘测，以此制定符合中国传统山水文化思想的风景评价体系，建构风景控制和引导标准。

附　录

湖广地区传统城镇八景一览表

城镇名	景物名称	内容
武昌府江夏县	武昌八景	庾楼醉月、鄂渚吟风、鹄岭棲霞、鹦洲听雨、东山览胜、南浦观渔、黄鹤怀仙、赤矶慨古
	鄂城八景	黄鹄朝霞、鹤楼晚照、凤山春晓、南浦秋涛、金沙夜月、鹦鹉渔歌、武昌仙境、鐵佛珠林
武昌县	武昌八景	凤台烟树、樊岭晴岚、吴王古庙、苏子遗亭、龙蟠晓渡、报恩夜钟、西山积萃、南湖映月
嘉鱼县	嘉鱼八景	赤壁古相、清滩钓艇、江岛春风、龙潭秋月、西保湖光、新堤保障、梅山种树、透脱轻舫
咸宁县	淦川十景	东高晓望、西河夜游、县庭老栢、泮水金樽、古渡横桥、后湖新涨、相山钟秀、凤凰献奇、石岭樵歌，梓潭渔唱
	蘋花溪八景	东高晚望、西河暮兴、石岭樵歌、梓潭渔唱、相岭晴岚、温泉虹彩、潜崖丹龟、古道苍松
崇阳县	崇阳八景	桃源春霁、云峰朝阳、瀛潭秋月、中洲返照、湖头穴浪、金城墨沼、葛洪丹井、文昌晓钟
通城县	通城八景	银山积翠、秀水回澜、太平春耕、兴贤夜诵、隽溪映月、石塔穿云、隆平晓月、真庆暮鼓
兴国州	当川八景	恩波夜月、孔殿秋香、仙观晴霞、谢墩夕照、仓波烟雨、当川樵唱、南市渔歌、杨林晓渡
通山县	通羊八景	罗阜岚光、翠屏塔影、石桥秋月、双溪春水、厍港晨耕、焦岩晓渡、岩泉喷雪、古洞生云
汉阳府汉阳县	汉阳十景	大别晚翠、江汉朝宗、禹祠古栢、官湖夜月、金沙落雁、凤山秋兴、晴川夕照、鹦鹉渔歌、鹤楼晴眺、平塘古渡
汉川县	汉川八景	衹园胜境、赤壁朝霞、小别晴岚、南河古渡、阳台晚钟、鸡鸣天晓、梅城返照、涢水秋波
黄州府	黄冈八景	黄冈晓霁、赤壁春晖、竹楼胜集、柳港聯芳、临皋月皎、洗墨云生、吴公义井、孟倅清泉
麻城县	麻城八景	龟峰旭日、凤领朝云、桃林春色、栢子秋阴、龙池夜月、晴崖飞瀑、麻姑仙洞、观音灵岩
黄陂县	黄陂十景	鲁台望道、克寨屯军、滠水冬温、武湖春涨、板桥人迹、铁锁龙升、西寺晓钟、钓台夜月、木兰拥翠、甘露呈祥
蕲水县	浠川八景	凤山夕照、龙潭秋月、玉台丹井、石壁回澜、陆羽茶泉、羲之墨沼、兰清时雨、绿杨晓烟
罗田县	罗田八景	凤凰晓日、龙井甘霖、塔山钟声、多云樵唱、南郊树影、义水东流、铜锣峭壁、石险横溪

续表

城镇名	景物名称	内容
蕲州	蕲阳八景	麟阁江山、凤岗晓钟、太清夜月、龙矶夕照、城北荷池、湖东春水、鸿州烟雨、龟鹤梅花
黄梅县	梅山十景	大港渔歌、多云樵唱、龙湫应涛、凤台仙迹、頖水遗碑、矿山古治、凤台夜月、龙骨春花、东山夜灯、双峰晨梵
德安府郧城县	郧城八景	温公书台、谪仙桃岩、车盖名亭、樱桃古渡、凤山春晓、涢水晴波、南冈梧雨、西畈麦秋
云梦县	云梦八景	楚城古迹、北河分流、隔浦风帆、罗阪春蛙、碧潭秋水、寒溪雪镨、石羊千塚、万金石桥
应城县	应城八景	蒲骚古城、栎林新市、东门石桥、西河古渡、三台渔唱、五岭樵歌、玉安温泉、铁牛镇坝
孝感县	孝感八景	凤台夜月、董塚春云、泮沼荷香、琴台槐荫、西湖酒馆、北泾渔歌、峻岭横屏、双峰瀑布
隋州	隋阳八味	神农洞天、舜子古井、东阁朝阳、洪山夕照、白云层楼、紫石长桥、浮樱春涨、槎水渔归
荆州府江陵县	江陵八景	虎渡春涛、龙山夕照、金堤烟柳、石马云帆、绛帐书声、东湖草色、渚宫夜月、沙市晴烟
石首县	石首十景	绣林亭、八仙山、刘郎浦、望夫台、调弦亭、马鞍山、照影桥、锦帻亭、龙盖山、万石湾
潜江县	潜江八景	东城烟树、南浦荷花、僧寺晓钟、蚌湖秋水、蒿口仙桥、庐溪佛塔、清溪山色、白洑波光
松滋县	松滋八景	高山古庙、苦竹甘泉、江亭晚棹、灵济晚钟、莱洲霁月、月岭残阳、剑峰丹鼎、仙洞朝云
枝江县	枝江八景	紫山冬翠、白水晓渡、三洲烟浪、山市夕阳、弥勒梵钟、蓬莱仙境、石簰渔网、花溪牧笛
荆门县	荆门八景	东山塔影、西堡岚光、汉水酦醅、蒙泉喷玉、内方仙迹、灵鹫梵音、百顷灵泉、藻湖烟雨
当阳县	当阳八景	紫盖朝霞、绿林夕照、景德名蓝、合溶新市、丹井仙踪、龙潭胜迹、圣泉灵应、桥水倒流
夷陵州	夷陵八景	西陵形势、东山图画、赤溪钓艇、黄牛棹歌、雅台明月、灵洞仙湫、三游云霁、五陇烟收
长阳县	长阳八景	凤台秋月、龙门春水、西沙古渡、军岭晴云、东峰樵隐、鳖渚渔歌、杨溪夜读、泉口春耕
宜都县	宜都十景	陆城乔木、孔庙双莲、龙窝春水、虎嶂朝云、合江古渡、洪汜滚钟、宋山神井、湾市人家、苍茫异石、石板甘泉

续表

城镇名	景物名称	内容
巴东县	巴东八景	飞凤迁乔、涡龙养蛰、金盖擎云、石门喷雪、明月清辉、紫阳夕照、巴山牧笛、清水渔歌
岳州府岳阳县	岳阳八景	洞庭晴涛、章华夜月、飞吟晚眺、君山晓翠、老树西风、巴山夕照、南纪春霁、东陵秋雨
临湘县	湘湄八景	渔梁晴霭、马鞍落照、教广春水、连湖夜月、杨林晚渡、嘉祐晓钟、儒矶渔唱、西湖莲芳
华容县	华容八景	梦泽晴云、东山霁雪、章台古迹、沱溪晓渡、杏村夕照、青湖夜月、板桥春涨、驿路松风
平江县	昌江八景	碧潭秋月、秀野春光、九曲清流、三峰叠帐、梧桐暮雨、桃洞朝霞、幕阜丹崖、连云翠壁
澧阳县	澧阳八景	兰江绣水、彭岭叠翠、关山烟树、月池清波、洲上仙眠、溪东书院、车渚夜读。（原书此处缺页，只记载七景）
安乡县	安乡八景	洞庭春涨、鲸湖秋月、梁药晴峰、书台夜雨、黄山瑞霭、博望清风、安流晓渡、兰浦渔舟
襄阳府襄阳县	原书无记载	原书无记载
宜城县	原书此处缺页	北陇农歌、东郊柳色、西刹钟声、赤山旭日、紫盖晴霞。（原书在此处缺页）
枣阳县	枣阳八景	花县樵楼、椒山梵宇、杏坛春画、莲池晓月、霸山晴雪、滚水扁舟、羊堰秋波、虎岗夕照
穀城县	穀城六景	粉水澄渡、水南荒寨、新店茅屋、后湖夜月、高头渔隐、广德灵泉
光化县	光化八景	酂城高古、汉水澄清、马窟云峰、龙浑渔火、太和温泉、固封夕照、桫椤夜月、福严竹坞
郧阳府南豊县	郧阳十景	天马崖高、摘星坡峻、南门晴望、十堰春耕、萧寺留题、仙宫遗像、武阳神洞、盛水灵泉、龙滚滩声、沄洲雨意
	郧县八景	笔山排闼、汉水朝宗、茅窝社鼓、兴福晨钟、粧台晓月、吴柳春风、履坛仙迹、相国故封
房县	房县八景	汤池莹徹、马鬃崔嵬、志公旧隐、庐陵故城、石门风泄、曲水长流、黄香古塚、吉浦遗基
郧西县	郧西八景	南平佳地、古堰清流、转精奇石、张相灵池、天河雪浪、火池霞峰、马鞍叠翠、鸡岭排青
竹溪县	竹溪十景	山横诰轴、峰列画屏、原都庙祀、丰登寺钟、坪店驻骢、仙洞招隐、五星叠翠、九里飞云、草坪牧笛、云崖仙题

续表

城镇名	景物名称	内容
保康县	保康八景	笔架浮翠、钓矶清绝、浅孚古洞、滴水崖高、鱼跳春湍、乌呼夜月、银溪溅雨、金渡棲霞
安陆州郢中县	郢中八景	阳春烟树、白雪晴岚、楠木樵歌、汉江渔艇、石城春雨、兰台午风、宋井寒泉、龙峰晓岫
沔阳州	沔阳八景	五峰山色、三澨波光、沧浪渔唱、柳口樵歌、丙穴钓秋、荆楼翫月、东沼红莲、西城古栢
景陵县	景陵十景	道院迎山、书堂出相、凤竹晴烟、龙池春涨、梦野秋蟾、天门夕照、五华樵歌、三澨渔歌、梵刹晨钟、笑城暮雨
衡州府湘东县	衡山十景	开云晓钟、雷家夜月、芙蓉飞瀑、绝顶寒松、岳路樵歌、桐岗牧笛、觞流曲水、帆泊观湘、舜洞晴云、禹碑古篆
当宁县	当宁八景	天生泮沼、地拱魁星、步云迎喜、演武观兵、茭潭石榜、山麓时泉、桃洲春浪、湘寺晓钟
桂阳州	桂阳八景	石林书院、宝山积雪、龙渡晴云、东峰晚照、西寺濛泉、七曲朝霞、仰高夜月、锦湖秋水、能仁烟雨
蓝山县	蓝山十景	蓝山远嶂、章岭秀峰、西岫晴云、东江夕照、九岭舜水、云渡长桥、富阳平啸、古城旧治、夔龙遗庙、皇英故祠
永州府零陵县	芝城八景	天梯晓日、万石亭、湘水拖篮、嵛山叠翠、愚岛晴岚、澹岩秋月、怀素墨池、紫岩仙井
祁阳县	祁阳八景	白鹤云屏、鸟符仙咏、龟潭夕照、燕冈阴雨、（原书缺页，仅剩四景名）祁山叠翠、熊岭朝暾、紫霄霞绮、书岩霁月
	浯溪十咏	浯溪漱玉、镜石涵辉、唐亭六厭、磨崖三绝、峿台晴旭、窳尊夜月、书院秋声、香桥野色、漫郎宅籁、笑岘亭岚
道州	舂陵十二景	濂溪光风、莲花霁月、窊樽古酌、开元胜游、伍如奇石、九疑仙山、元峰钟英、宜峦献秀、寒亭秋色、暖谷春融、月岩仙踪、含晖石屋
郴州	郴阳八景	马岭云松、龙湫烟雾、鱼绛飞雷、相山瀑布、南塔钟声、北湖水月、橘井灵源、园泉香雪
永兴县	永兴八景	狮子卧江、巉岩弹孔、龙耳云烟、雷坛寿字、灵泉古砌、森口客舟、土富银井、高亭虹桥
宜章县	宜章八景	黄岑叠翠、白水垂虹、玉溪春涨、宝刹云播、蒙洞泉香、艮岩龙隐、榜山晴旭、普化晚钟
兴宁县	兴宁八景	玉泉温润、石角奇观、云盖仙林、东江古渡、澄溪夜月、暚岭晴云、鄠渡渔舟、醁泉书院

续表

城镇名	景物名称	内容
桂阳县	桂阳八景	君子朝阳、官山夕照、白云仙迹、筋竹神灵、寿江龟鹤、碧潭金牛、白芒温泉、黄岭分流
长沙府长沙县	潇湘八景	潇湘夜雨、洞庭秋月、远浦归帆、平沙落雁、烟寺晚钟、渔村夕照、山市晴岚、江天暮雪
	星沙八景	岳麓书院、谷云禅房、定王高台、大传遗井、黄陵斑竹、疑塚青草、汨罗吊古、湘亭谕属
湘阴县	穆屯八景	岳庙晓钟、穆溪春涨、将军樵歌、阳陵农钟、大陂秋月、断岭朝岚、龙滩牧笛、魏港渔会
宁湘县	宁湘十景	玉潭横秀、天马翔空、飞凤朝阳、灵峰月夜、汤泉沸玉、大沩凌云、石柱书声、香山钟韵、楼台晓色、狮顾岚光
浏阳县	浏阳六景	中洲风月、大湖烟雨、湘台春色、吾山雪霁、药桥泉石、鷃亭芳草
醴陵县	醴陵八景	泮池渌水、状元芳洲、瓜畲春意、叶阁秋光、剑石含霜、醴泉浸月、金渔晚钓、玉带朝游
益阳县	资阳八景	西湾春望、裴亭云树、白鹿晚钟、关濑湍惊、泷溪帆落、碧津晓渡、庆洲渔唱、甘垒夜月
湘乡县	涟湘八景	飞来佛、罗汉烟、铜坑井、卷帘水、洗笔池、紫荆台、乡泉井、石鱼屏
攸县	攸水十景	阳昇仙隐、文峰拔秀、黉宫连理、鸾山叠翠、凤岭朝霞、金水清波、银坑夕照、黄甲驯鸥、紫麟夜月、文浦春云
宝庆府邵阳县	邵阳八景	六亭春色、双清秋月、洛阳仙洞、龙桥铁犀、佘湖雪霁、城滩晚霞、山寺晓钟、石门翠巘
新化县	新化八景	资江带水、东泽龙池、水晶高阁、黎山潮信、月照碧潭、潮源仙洞、维山叠嶂、崇阳夕霭
武冈州	武冈十景	云山清晓、宜峰雪霁、法相洞天、武陵春色、渠渡晴岚、龙潭夜雨、古山瀑布、枫门落照、横江晚渡、济川回舟
辰州府沅陵县	沅陵八景	大酉洞天、壶头夜月、洪山叠翠、酉水拖蓝、浮桥架蝀、砂井凝丹、黄草朝霞、白田晴雪
溆浦县	溆浦十景	屈亭烟雨、马庙松篁、卢举遐躅、诗住幽吟、岩桂秋香、溪桃春萼、龙堆积雪、鹰渚寒涛、栎陇樵歌、簏潭渔唱
偏桥县	偏桥八景	偏桥古道、瓮洞通游、凤凰春晓、天马云晴、西楼晚眺、东津夜渡、东谷樵歌、北泉练挂
常德府武陵县	武陵八景	善卷古壇、秀水斗门、沅阳书院、桃洞春风、橘洲晚霁、莱公甘泉、崔氏仙井、伏波遗庙

续表

城镇名	景物名称	内容
龙阳县	龙阳八景	杏坛古栢、泮赤瑞莲、玉带晴辉、金牛夕照、墨池遗迹、眉洲异状、沧浪秋水、橘岗晚霁
沅江县	沅江八景	蠡山遗庙、芷水回澜、卧龙墨池、寒潭钓艇、龙池春雨、仙洞晴霞、石溪潜鳞、鹤湖翔羽
桃园县	桃川八景	桃花溪、烂船洲、空心杉、炼丹台、遇仙桥、仙迳亭、秦人洞、归鹤峰
靖州府渠阳县	渠阳八景	飞山夕照、五老晴瞰、九峰耸翠、青萝叠嶂、侍郎云气、香庐晓雾、渠江夜月、溟溪春水
会同县	会同四景	崖屋寨、尖岩峰、洞宾泉、诸葛城
绥宁县	八景	高公春色、枫岭秋容、文笔凝云、蓝溪霁雪、双溪稳渡、退田危坡、甘泉异水、扫洞英灵
铜鼓卫	铜鼓八景	东涧晴虹、西山霁雪、湖耳石泉、城心活水、双峰耸翠、响洞飞湍、仙岩天曙、楚岫云封

资料来源：根据《（嘉靖）湖广图经志书》和《古今图书集成·职方典》整理。

参考文献

古籍

[1]（春秋）管仲撰，梁运华校点．管子[M]．沈阳：辽宁教育出版社，1997.

[2]（汉）班固．汉书补注：卷三十[M]．北京：中华书局，1983.

[3]（汉）刘安撰，[汉]许慎注．淮南子四部丛刊本卷四[M]．上海：上海书店，1989.

[4]（汉）王充撰．论衡[M]．长春：时代文艺出版社，2008.

[5]（北魏）郦道元著，陈桥驿校证．水经注校证[M]．北京：中华书局，2007.

[6]（宋）范致明撰，[明]吴琯校．岳阳风土记[M]．台湾：成文出版社有限公司，1977.

[7]（元）熊萝祥辑，北京图书馆山本组编．析津志辑佚[M]．北京：北京古籍出版社，1983.

[8]（明）计成原著，陈植注释，杨伯超校订，陈从周校阅．园冶注释[M]．北京：中国建筑工业出版社，1999.

[9]（明）日本藏中国罕见地方志丛刊．[万历]新修南昌府县志[M]．北京：书目文献出版社，1990.

[10]（明）日本藏中国罕见地方志丛刊．[嘉靖]湖广图经志[M]．北京：书目文献出版社，1991.

[11]（明）天一阁藏明代方志选刊．岳州府志[M]．上海：上海古籍出版社，1963.

[12]（清）陈怡等修，[清]钱光奎纂．光绪续辑咸宁县志：中国地方志集成湖北府县志专辑[M]．江苏：江苏古籍出版社，2001.

[13]（清）恩联修，王万芳撰．[光绪]襄阳府志[M]．台湾：成文出版社，1976.

[14]（清）顾祖禹撰．读史方舆纪要·卷七五·湖广方舆纪要[M]．上海：上海书店出版社，1998.

[15]（清）顾祖禹著．读史方舆纪要[M]．北京：商务印书馆，1937.

[16]（清）胡凤丹撰．黄鹄山志[M]．永康胡凤丹退補斋．清同治十三年.

[17]（清）蒯正昌，[清]吴耀斗修；[清]胡九皋，[清]刘长谦纂．卷三·山川．光绪续修江陵县志[M]．南京市：江苏古籍出版社，2001.

[18]（清）倪文蔚等修，顾嘉蘅等撰．（光绪）荆州府志[M]．台湾：成文

出版社，2001.

[19] （清）陶澍，万年淳修撰，何培金点校．洞庭湖志[M]．长沙：岳麓书社，2002.

[20] （清）王葆心．续汉口丛谈、再续汉口丛谈[M]．湖北教育出版社，2002.

[21] （清）王万芳．襄阳府志[M]．台湾：成文出版社，1976.

[22] （清）希元原注，林久贵点注．荆州驻防志[M]．武汉：湖北教育出版社，2002.

[23] （清）许应鑅，[清]王之藩修；[清]曾作舟，[清]杜防纂．同治南昌府志[M]．南京市：江苏古籍出版社，1996.

[24] 江苏古籍出版社选编．中国地方志集成 湖北府县志辑 64 同治襄阳县志 光绪襄阳县志4略[M]．南京：江苏古迹出版社，2001：17.

[25] 武汉地方志编纂委员会办公室编．清康熙湖广武昌府志校注[M]．武汉：武汉出版社，2011.

[26] 闻人军译注．考工记译注[M]．上海：古籍出版社，2008.

[27] 郑同点校．堪舆[M]．北京：华龄出版社，2009.

当代论著

[1] 鲍世行编．钱学森论山水城市[M]．北京：中国建筑工业出版社，2010.

[2] 陈从周著．园林清议[M]．南京：江苏文艺出版社，2005.

[3] 陈水云编著．中国山水文化[M]．武汉市：武汉大学出版社，2001.

[4] 陈湘源著．千古名城岳阳解谜[M]．北京市：解放军出版社，2006.

[5] 段进，邱国潮编著．国外城市形态学概论[M]．南京：东南大学出版社，2009.

[6] 东湖区民间文学集成办公室．百花洲[M]．1986.

[7] 傅娟著．近代岳阳城市转型和空间转型研究[M]．北京：中国建筑工业出版社，2010.

[8] 葛兆光著．中国思想史：第一卷[M]．上海：复旦大学出版社，2001.

[9] 顾恺著．明代江南园林研究[M]．南京：东南大学出版社，2010.

[10] 何晓昕著．风水探源[M]．南京：东南大学出版社，1990.

[11]（德）黑格尔著，朱光潜译．美学：第三卷，上册[M]．北京：商务印书馆，1979.

[12] 黄亚平著．城市空间理论与空间分析[M]．南京：东南大学出版社，2002.

[13] 胡俊著．中国城市：模式与演进[M]．北京：中国建筑工业出版社，

1995.
[14] 湖北省江陵县县志编撰委员会编纂. 江陵县志[M]. 武汉：湖北人民出版社，1990.
[15] 湖北省襄阳地区地方志编纂委员会办公室编印. 襄阳地区概况[M]. 1984.
[16] 江陵堤防志编写委员会. 江陵堤防志[M]. 江陵：江陵堤防志编写组，1984.
[17]（德）库德斯著，秦洛峰，蔡永洁，魏薇译. 城市结构与城市造型设计[M]. 北京：中国建筑工业出版社，2006.
[18] 李允禾著. 华夏意匠：中国古典建筑设计原理分析[M]. 天津：天津大学出版社. 2005.
[19] 李泽厚著. 华夏美学[M]. 天津：天津社会科学院出版社，2002.
[20] 刘剀著. 晚晴汉口城市发展与空间形态研究M]. 北京：中国建筑工业出版社，2012.
[21]（法）米歇尔·柯南，陈望衡主编. 城市与园林：园林对城市生活和文化的贡献[M]. 武汉：武汉大学出版社，2006.
[22] 鲁西奇著. 中国历史的空间结构[M]. 桂林：广西师范大学出版社，2014：330.
[23] 孟兆祯著. 园衍[M]. 北京：中国建筑工业出版社，2012.
[24] 南昌地方志编撰委员会编. 南昌市志[M]. 北京：方志出版社，2009.
[25]（美）培根著，黄富厢，朱琪译. 城市设计[M]. 北京：中国建筑工业出版社，2003.
[26] 皮明庥主编. 武汉通史·图像卷[M]. 武汉：武汉出版社，2006.
[27] 皮明庥主编，李怀军卷主编. 武汉通史：宋元明清卷[M]. 武汉：武汉出版社，2006.
[28] 钱穆著. 中国文化史导论[M]. 北京：商务出版社，1996.
[29] 施坚雅主编，叶光庭等译. 中华帝国晚期的城市[M]. 北京：中华书局，2000.
[30] 石首市地方志编撰委员会编撰. 石首县志[M]. 北京：红旗出版社，1990.
[31] Serge Salat著. 城市与形态：关于可持续城市化的研究[M]. 中国：香港国际文化出版有限公司，2013.
[32] 万谦著. 江陵城池与荆州城市御灾防卫体系研究[M]. 北京：中国建筑工业出版社，2010.
[33] 王铎著. 中国古代苑园与文化[M]. 武汉：湖北教育出版社，2002.
[34] 王树声著. 黄河晋陕沿岸历史城市人居环境营造[M]. 北京：中国建

筑工业出版社，2009.
[35] 汪德华著. 中国山水文化与城市规划[M]. 南京：东南大学出版社，2002.
[36] 吴良镛著. 人居环境学导论[M]. 北京：中国建筑工业出版社，2008.
[37] 吴庆洲著. 中国古城防洪研究[M]. 北京：中国建筑工业出版社，2009.
[38] 吴庆洲著. 建筑哲理、意匠与文化[M]. 北京：中国建筑工业出版社，2005.
[39]《武汉历史地图集》编纂委员会. 武汉历史地图集[M]. 北京：中国地图出版社，1996.
[40] 武汉市园林分志编纂委员会. 武汉园林资料汇编[R]. 1984.
[41] 西村幸夫，历史街区研究会编著，张松，蔡敦达译. 城市风景规划：欧美景观控制方法与实务[M]. 上海：上海科学技术出版社，2005.
[42] 襄樊市城建档案馆（处）编著. 襄樊城市变迁[M]. 武汉：湖北人民出版社，2009
[43] 萧代贤主编. 江陵[M]. 北京：中国建筑工业出版社，1992.
[44] 徐建华著. 武昌史话[M]. 武汉：武汉出版社，2003.
[45] 元永浩著. 天人合一的生存境界：从西方形而上学到中国形而上境界[M]. 长春：吉林人民出版社，2005.
[46] 岳阳市城乡建设志编撰委员会. 岳阳城乡建设志[M]. 北京：中国城市出版社，1991.
[47] 张建著. 休闲都市论[M]. 上海：东方出版社，2009.
[48] 张杰著. 中国古代空间文化溯源[M]. 北京市：清华大学出版社，2012.
[49] 张琳，王咨臣，彭适凡. 南昌史话[M]. 南昌：江西人民出版社，1980.
[50] 张伟然著. 湖北历史文化地理研究[M]. 武汉：湖北教育出版社，2000.
[51] 郑小江，王敏主编. 草根南昌：豫章风物寻踪[M]. 北京：学苑出版社，2006.
[52] 周维权著. 中国园林史[M]. 北京：清华大学出版社，2007.
[53] 宗白华著. 美学与意境[M]. 南京：江苏文艺出版社，2008.
[54] 蔡晓峰. 城市特色风貌解析与控制[D]. 同济大学，2005.
[55] 冯维波. 城市游憩空间分析与整合研究[D]. 重庆大学，2007.
[56] 耿欣. “八景”文化的景象表现与文化比较[D]. 北京林业大学，2006.
[57] 龚晨曦. 粘聚和连续性：城市历史景观有形元素及相关议题[D]. 清华大学，2011.
[58] 胡浩. 城市眺望景观规划控制研究[D]. 同济大学，2006.
[59] 刘沛林. 中国传统聚落景观基因图谱的建构与应用研究[D]. 北京大

学，2011.

[60] 龙彬. 中国古代山水城市营建思想研究[D]. 重庆大学，2001.

[61] 王敏. 城市风貌协同优化理论和规划方法研究[D]. 华中科技大学，2012.

[62] 王树声. 黄河晋陕沿岸历史城市人居环境营造研究[D]. 西安建筑科技大学，2006.

[63] 杨柳. 风水思想与古代山水城市营建研究[D]. 重庆大学，2005.

[64] 姚准. 景观空间演变的文化解释[D]. 东南大学，2006.

[65] 于风军. 符号、景观与空间结构：基于陕西方志舆图（明至民国）的景观历史地理研究[D]. 陕西师范大学，2005.

[66] 张健. 康泽恩学派视角下广州传统城市街区的形态研究[D]. 华南理工大学，2012.

[67] Tiamsoon Sirisrisak，Historic Urban Landscape：Interpretation and Presentation of the Image of the City[C]. ICOMOS Thailand International Symposium 2007：Interpretation：Form Monument to Living Heritage，1-3 Nov. 2007.

[68] 吴伟. 城市风貌学引论[M]//吴伟主编. 城市特色研究与城市风貌规划：世界华人建筑师协会城市特色学术委员会2007年会议论文集. 上海：同济大学出版社，2007.

[69] 朱畅中. 风景环境与山水城市[M] // 鲍世行，顾孟潮主编. 城市学与山水城市. 1994.

[70] Gregory J. Perth's Waterfront And Urban Planning 1954 - 93：The Narrows Scheme and the Perth City Foreshore Project [J]. 2008.

[71] 鲍世行. 山水城市：21世纪中国的人居环境[J]. 华中建筑，2002，20（4）：1-3.

[72] 成一农. 中国古代地方城市形态研究方法新探[J]. 上海师范大学学报（社会科学版），2010，39（01）：43-51.

[73] 成一农. 中国古代方志在城市形态研究中的价值[J]. 中国地方志，2001，（1-2）：136-140.

[74] 段义孚. 风景断想[J]. 长江学术，2012，（03）：45-53.

[75] 谷凯. 城市形态的理论与方法：探索全面与理性的研究框架[J]. 国外城市规划，2001，25（12）：36-42.

[76] （英）怀特汉德撰文；宋峰，邓洁译. 城市形态区域化与城镇历史景观[J]. 中国园林，2010，（09）：53-58.

[77] 贾建中，邓武功. 城市风景区研究（一）：发展历程与特点[J]. 中国园林，2007，（12）：9-14.

[78] 李辉．我国古代地理学三形思想初探[J]．自然科学史研究，2006，25（1）：76-82.

[79] 李和平，肖竞．我国文化景观的类型及其构成要素分析[J]．中国园林，2009，(02)：90-94.

[80] 刘沛林，刘春腊，邓运员，申秀英．我国古城镇景观基因“胞—链—形”的图示表达与区域差异研究[J]．人文地理，2011，26（01)：94-99.

[81] 刘天华．风景结构中的时间观念[J]．社会科学，1985，(09)：59-61.

[82] 龙彬．中国古代城市建设的山水特质及营造方略[J]．城市规划，2002，26（5)：85-88.

[83] 邵大伟，张小林，吴殿鸣．国外开放空间研究的近今进展及启示[J]．中国园林，2011，(01)：83-87.

[84] 史震宇．“风景”浅析[J]．中国园林，1988，(02)：23-27.

[85] 沈益人．城市特色与城市意象[J]．城市问题，2004，(3)：8-11.

[86] 田银生，谷凯，陶伟．城市形态研究与城市历史保护规划[J]．城市规划，2010，34（04)：21-26.

[87] 田银生．中国传统城市结构的“二元对立统一律”[J]．城市规划学刊，2005，(01)：72-74.

[88] 王其亨，吴静子，赵大鹏．“景”的释义[J]．中国园林，2012，(03)：31-33.

[89] 吴庆洲．中国景观集称文化[J]．华中建筑，1994，12（2)：23-25.

[90] 吴隽宇，肖艺．从中国传统文化观看中国园林[J]．中国园林，2001，(03)：84-86.

[91] 杨文华，蔡晓丰．城市风貌的系统构成与规划内容[J]．城市规划学刊，2006，(02)：59-62.

[92] 杨宇振．图像内外：中国古代城市地图初探[J]．城市规划学刊，2008，174（2)：83-92.

[93] 余柏春．论城市特色结构理论[J]．新建筑，2004，(3)：47-49.

[94] 张国强．城市风景的构成、特征与发展[J]．中国园林，2008，(01)：73-74.

[95] 张杰．城市传统文化景观空间结构保护[J]．现代城市研究，2006，(11)：13-21.

[96] 赵夏．我国的“八景”传统及其文化[J]，规划师，2006，22（12)：89-91.

[97] 赵中枢．文化景观的概念和世界遗产的保护[J]．城市发展研，1996，(01)：29-30.

[98] City of Barcelona. Barcelona green infrastructure and biodiversity plan 2020: Summary [R/OL]. 2011 [2014-4-6]. http://w10.bcn.cat/APPS/cercagsa/search.do?idioma=es.

[99] City of Boston Environment Department. Historic Beacon Hill District Architectural Guidelines, specific guidelines, roof and roof structures [R/OL]. 2016 [2016-9-18]. http://www.cityofboston.gov/Environment/pdfs/beaconhill_guidelines.pdf

[100] City of London. The London Plan: Spatial Development Strategy for Greater London[R/OL]. 2011 [2014-4-6]. http://www.london.gov.uk/priorities/planning.

[101] City of Melbourne. Southbank Structure Plan 2010: A 30-year vision for Southbank[R/OL]. 2010 [2014-4-6]. http://www.melbourne.vic.gov.au/AboutMelbourne/ProjectsandInitiatives/Southbank2010/Pages/Southbank2010.aspx.

[102] City of New York.《PLANYC: A Stronger, More Resilient New York》[R/OL]. 2013 [2013-6-11]. http://www.nyc.gov/html/sirr/html/report/report.shtml.

[103] City of Singapore. Land Use Plan to Support Singapore's Future Population[R/OL]. 2013 [2014-4-6]. http://www.mnd.gov.sg/land use plan/e-book/index.html#/11/zoomed.

[104] City of Vancouver. View Protection Guidelines[R/OL]. 2010 [2014-4-6]. https://vancouver.ca/home-property-development/protecting-vancouvers-views.aspx.

[105] Department of Planning WA. Perth Water front [EB/OL]. 2011 [2016-9-18]. http://www.planning.wa.gov.au/dop_pub_pdf/perth_waterfront_-_report_on_submissions.pdf, 2016, 9, 18.

[106] 京都市都市计划局都市景观部景观政策课. landscape of Kyoto [R/OL]. 2016 [2016-9-19]. http://www.city.kyoto.lg.jp/tokei/page/ 0000057538.html.

致 谢

完成博士论文写作已有两年，重新撰写本书仍然感慨万千。本书在撰写过程中得到师长亲友的无私帮助，在此一并感谢并终生难忘。

我把最诚挚的感谢送给尊敬的导师孟兆祯院士。先生是风景园林学科的泰斗，他渊博的学识、严谨的治学态度和勤奋的工作作风是我终身学习的榜样。先生的谆谆教诲我时刻铭记在心。他说学习要“大海捞针、厚积薄发”，使我摆脱浮躁，获益匪浅。感谢师母杨赉丽先生。杨先生亲切、慈祥，在生活、学习和工作中的爱护和关怀也使我深感温暖。

我要感谢我的硕士导师，东南大学建筑学院的刘博敏教授。他犀利而敏锐的学术见解和活泼、积极的人生态度，是我学习的榜样。

我还要感谢帮助过我的兄弟姐妹们。感谢薛晓飞博士给我无私的帮助和支持。感谢杜雁师姐在我实地踏勘武昌过程中给予的热情接待，帮我收集资料，陪我讨论专业问题，指点迷津。感谢于亮博士、阴帅可博士、李程成博士、夏宇博士、齐羚博士等同门在文献收集、整理中给予我的帮助。感谢北京林业大学城市规划系的同事们。虽然不能一一列举所有曾帮助过我的同学和朋友，但你们的关心和鼓励，都是我生命中美好的回忆。

最深切的感谢要给予我可敬可爱的家人。感谢我敬爱的父亲，身为博士生导师，他严谨的治学态度和强烈的责任感永远是我心中的一盏明灯。感谢母亲无私的奉献，没有她默默地担起家庭的重担，我的求学之路将会无法前行。感谢我的先生和女儿，你们全心全意的尊重和支持，使我可以自由地追求自己的理想。对于家人们的默默付出，我深感愧疚。你们的付出我无以回报，唯有不断努力。